KB101851

아이는 스스로 생각하고 성장합니다.
아이를 존중하고 가능성을 믿을 때
새로운 문제들을 스스로 해결해 나갈 수 있습니다.

<기적의 학습서>는 아이가 주인공인 책입니다.
탄탄한 실력을 만드는 체계적인 학습법으로
아이의 공부 자신감을 높여줍니다.

가능성과 꿈을 응원해 주세요.
아이가 주인공인 분위기를 만들어 주고,
작은 노력과 땀방울에 큰 박수를 보내 주세요.
<기적의 학습서>가 자녀교육에 힘이 되겠습니다.

나만의
학습 기록표

책상 위에, 냉장고에, 어디든 내 손이 닿는 곳에 붙여 두세요.

매일매일 공부하면서 걸린 시간과 맞은 개수를 기록하면

어제보다, 지난주보다, 지난달보다 한 뼘 자란 내 실력을 알 수 있어요.

길벗스쿨

Left (partial, cut off)

균 시간 : 1분 50초		B	평균 시간 : 2분 50초	
시간	맞은 개수		걸린 시간	맞은 개수
초	/10	분　　초		/10
초	/10	분　　초		/10
초	/10	분　　초		/10
초	/10	분　　초		/10
초	/10	분　　초		/10

균 시간 : 4분		B	평균 시간 : 4분 20초	
시간	맞은 개수		걸린 시간	맞은 개수
초	/14	분　　초		/14
초	/14	분　　초		/14
초	/14	분　　초		/14
초	/14	분　　초		/14
초	/14	분　　초		/14

균 시간 : 4분		B	평균 시간 : 5분 10초	
시간	맞은 개수		걸린 시간	맞은 개수
초	/14	분　　초		/14
초	/14	분　　초		/14
초	/14	분　　초		/14
초	/14	분　　초		/14
초	/14	분　　초		/14

균 시간 : 4분 50초		B	평균 시간 : 5분	
시간	맞은 개수		걸린 시간	맞은 개수
초	/12	분　　초		/12
초	/12	분　　초		/12
초	/12	분　　초		/12
초	/12	분　　초		/12
초	/12	분　　초		/12

균 시간 : 3분 30초		B	평균 시간 : 5분 20초	
시간	맞은 개수		걸린 시간	맞은 개수
초	/12	분　　초		/12
초	/12	분　　초		/12
초	/12	분　　초		/12
초	/12	분　　초		/12
초	/12	분　　초		/12

Right

116단계	공부한 날짜	A	평균 시간 : 3분 10초		B	평균 시간 : 3분 40초	
			걸린 시간	맞은 개수		걸린 시간	맞은 개수
1일차	/		분　　초	/6		분　　초	/6
2일차	/		분　　초	/6		분　　초	/6
3일차	/		분　　초	/6		분　　초	/6
4일차	/		분　　초	/6		분　　초	/6
5일차	/		분　　초	/6		분　　초	/6

117단계	공부한 날짜	A	평균 시간 : 2분 50초		B	평균 시간 : 2분 30초	
			걸린 시간	맞은 개수		걸린 시간	맞은 개수
1일차	/		분　　초	/10		분　　초	/10
2일차	/		분　　초	/10		분　　초	/10
3일차	/		분　　초	/10		분　　초	/10
4일차	/		분　　초	/10		분　　초	/10
5일차	/		분　　초	/10		분　　초	/10

118단계	공부한 날짜	A	평균 시간 : 3분 50초		B	평균 시간 : 3분 20초	
			걸린 시간	맞은 개수		걸린 시간	맞은 개수
1일차	/		분　　초	/10		분　　초	/10
2일차	/		분　　초	/10		분　　초	/10
3일차	/		분　　초	/10		분　　초	/10
4일차	/		분　　초	/10		분　　초	/10
5일차	/		분　　초	/10		분　　초	/10

119단계	공부한 날짜	A	평균 시간 : 3분 10초		B	평균 시간 : 3분 10초	
			걸린 시간	맞은 개수		걸린 시간	맞은 개수
1일차	/		분　　초	/10		분　　초	/10
2일차	/		분　　초	/10		분　　초	/10
3일차	/		분　　초	/10		분　　초	/10
4일차	/		분　　초	/10		분　　초	/10
5일차	/		분　　초	/10		분　　초	/10

120단계	공부한 날짜	A	평균 시간 : 7분 50초		B	평균 시간 : 7분 40초	
			걸린 시간	맞은 개수		걸린 시간	맞은 개수
1일차	/		분　　초	/8		분　　초	/6
2일차	/		분　　초	/8		분　　초	/6
3일차	/		분　　초	/8		분　　초	/6
4일차	/		분　　초	/8		분　　초	/6
5일차	/		분　　초	/8		분　　초	/6

의 학습 다짐

기적의 계산법을 언제 어떻게 공부할지
스스로 약속하고 실천해요!

1 나는 하루에
기적의 계산법 얼마나? 장을 풀 거야.

내가 지킬 수 있는 공부량을 스스로 정해보세요. 하루에 한 장을
풀면 좋지만, 빨리 책 한 권을 끝내고 싶다면 2장씩 풀어도 좋아요.

2 나는 매일
언제?

에 공부할 거야.

아침 먹고 학교 가기 전이나 저녁 먹은 후에 해도 좋고, 학원 가기
전도 좋아요. 되도록 같은 시간에, 스스로 정한 양을 풀어 보세요.

3 딴짓은 No!
연산에만 딱 집중할 거야.

과자 먹으면서? No! 엄마와 얘기하면서? No!
한 장을 집중해서 풀면 30분도 안 걸려요. 책상에 바르게 앉아
오늘 풀어야 할 목표량을 해치우세요.

4 문제 하나하나 바르게 풀 거야.

느리더라도 자신의 속도대로 정확하게 푸는 것이 중요해요.
처음부터 암산하지 말고, 자연스럽게 암산이 가능할 때까지
훈련하면 문제를 푸는 시간은 저절로 줄어들어요.

111단계	공부한 날짜	A	평 걸린
1일차	/		분
2일차	/		분
3일차	/		분
4일차	/		분
5일차	/		분

112단계	공부한 날짜	A	걸린
1일차	/		분
2일차	/		분
3일차	/		분
4일차	/		분
5일차	/		분

113단계	공부한 날짜	A	걸린
1일차	/		분
2일차	/		분
3일차	/		분
4일차	/		분
5일차	/		분

114단계	공부한 날짜	A	평 걸린
1일차	/		분
2일차	/		분
3일차	/		분
4일차	/		분
5일차	/		분

115단계	공부한 날짜	A	평 걸린
1일차	/		분
2일차	/		분
3일차	/		분
4일차	/		분
5일차	/		분

기적의 계산법

초등 6학년

12권

기적의 계산법 · 12권

초판 발행 2021년 12월 20일
초판 7쇄 2024년 7월 31일

지은이 기적학습연구소
발행인 이종원
발행처 길벗스쿨
출판사 등록일 2006년 7월 1일
주소 서울시 마포구 월드컵로 10길 56(서교동)
대표 전화 02)332-0931 | **팩스** 02)333-5409
홈페이지 school.gilbut.co.kr | **이메일** gilbut@gilbut.co.kr

기획 이선정(dinga@gilbut.co.kr) | **편집진행** 홍현경, 이선정
제작 이준호, 손일순, 이진혁 | **영업마케팅** 문세연, 박선경, 박다슬 | **웹마케팅** 박달님, 이재윤, 이지수, 나혜연
영업관리 김명자, 정경화 | **독자지원** 윤정아
디자인 정보라 | **표지 일러스트** 김다예 | **본문 일러스트** 김지하
전산편집 글사랑 | **CTP 출력·인쇄·제본** 예림인쇄

▶ 본 도서는 '절취선 형성을 위한 제본용 접지 장치(Folding apparatus for bookbinding)' 기술 적용도서입니다.
특허 제10-2301169호
▶ 잘못 만든 책은 구입한 서점에서 바꿔 드립니다.

▶ 이 책은 저작권법에 따라 보호받는 저작물이므로 무단전재와 무단복제를 금합니다.
이 책의 전부 또는 일부를 이용하려면 반드시 사전에 저작권자와 길벗스쿨의 서면 동의를 받아야 합니다.

ISBN 979-11-6406-409-0 64410
(길벗 도서번호 10820)

정가 9,000원

독자의 1초를 아껴주는 정성 **길벗출판사**

길벗스쿨 | 국어학습서, 수학학습서, 유아학습서, 어학학습서, 어린이교양서, 교과서 school.gilbut.co.kr
길벗 | IT실용서, IT/일반 수험서, IT전문서, 경제실용서, 취미실용서, 건강실용서, 자녀교육서 www.gilbut.co.kr
더퀘스트 | 인문교양서, 비즈니스서
길벗이지톡 | 어학단행본, 어학수험서

연산, 왜 해야 하나요?

"계산은 계산기가 하면 되지,
 다 아는데 이 지겨운 걸 계속 풀어야 해?"
아이들은 자주 이렇게 말해요. 연산 훈련, 꼭 시켜야 할까요?

1. 초등수학의 80%, 연산

초등수학의 5개 영역 중에서 가장 많은 부분을 차지하는 것이 바로 수와 연산입니다. 절반 정도를 차지하고 있어요.

그런데 곰곰이 생각해 보면 도형, 측정 영역에서 길이의 덧셈과 뺄셈, 시간의 합과 차, 도형의 둘레와 넓이처럼

다른 영역의 문제를 풀 때도 마지막에는 연산 과정이 있죠.

이때 연산이 충분히 훈련되지 않으면 문제를 끝까지 해결하기 어려워집니다.

초등학교 수학의 핵심은 연산입니다. 연산을 잘하면 수학이 재미있어지고 점점 자신감이 붙어서 수학을 잘할 수 있어요.

연산 훈련으로 아이의 '수학자신감'을 키워주세요.

2. 아깝게 틀리는 이유, 계산 실수 때문에!
　 시험 시간이 부족한 이유, 계산이 느려서!

1, 2학년의 연산은 눈으로도 풀 수 있는 문제가 많아요. 하지만 고학년이 될수록 연산은 점점 복잡해지고,

한 문제를 풀기 위해 거쳐야 하는 연산 횟수도 훨씬 많아집니다. 중간에 한 번만 실수해도 문제를 틀리게 되죠.

아이가 작은 연산 실수로 문제를 틀리는 것만큼 안타까울 때가 또 있을까요?

어려운 글도 잘 이해했고, 식도 잘 세웠는데 아주 작은 실수로 문제를 틀리면 엄마도 속상하고, 아이는 더 속상하죠.

게다가 고학년일수록 수학이 더 어려워지기 때문에 계산하는 데 시간이 오래 걸리면 정작 문제를 풀 시간이 부족하고,

급한 마음에 실수도 종종 생깁니다.

가볍게 생각하고 그대로 방치하면 중·고등학생이 되었을 때 이 부분이 수학 공부에 치명적인 약점이 될 수 있어요.

공부할 내용은 늘고 시험 시간은 줄어드는데, 절차가 많고 복잡한 문제를 해결할 시간까지 모자랄 수 있으니까요.

연산은 쉽더라도 정확하게 푸는 반복 훈련이 꼭 필요해요. 처음 배울 때부터 차근차근 실력을 다져야 합니다.

처음에는 느릴 수 있어요. 이제 막 배운 내용이거나 어려운 연산은 손에 익히는 데까지 시간이 필요하지만,

정확하게 푸는 연습을 꾸준히 하면 문제를 푸는 속도는 자연스럽게 빨라집니다.

꾸준한 반복 학습으로 연산의 '정확성'과 '속도' 두 마리 토끼를 모두 잡으세요.

연산, 이렇게 공부하세요.

연산을 왜 해야 하는지는 알겠는데, 어떻게 시작해야 할지 고민되시나요?
연산 훈련을 위한 다섯 가지 방법을 알려 드릴게요.

1 매일 같은 시간, 같은 양을 학습하세요.

공부 습관을 만들 때는 학습 부담을 줄이고 최소한의 시간으로 작게 목표를 잡아서 지금 할 수 있는 것부터 시작하는 것이 좋습니다. 이때 제격인 것이 바로 연산 훈련입니다. '얼마나 많은 양을 공부하는가'보다 '얼마나 꾸준히 했느냐'가 연산 능력을 키우는 가장 중요한 열쇠거든요.

매일 같은 시간, 하루에 10분씩 가벼운 마음으로 연산 문제를 풀어 보세요. 등교 전이나 하교 후, 저녁 먹은 후에 해도 좋아요. 학교 쉬는 시간에 풀 수 있게 책가방 안에 한 장 쏙 넣어줄 수도 있죠. 중요한 것은 매일, 같은 시간, 같은 양으로 아이만의 공부 루틴을 만드는 것입니다. 메인 학습 전에 워밍업으로 활용하면 짧은 시간 몰입하는 집중력이 강화되어 공부 부스터의 역할을 할 수도 있어요.

아이가 자라고, 점점 공부할 양이 늘어나면 가장 중요한 것이 바로 매일 공부하는 습관을 만드는 일입니다. 어릴 때부터 계획하고 실행하는 습관을 만들면 작은 성취감과 자신감이 쌓이면서 다른 일도 해낼 수 있는 내공이 생겨요.

토독, 한 장씩 가볍게!

한 장과 한 권은 아이가 체감하는
부담이 달라요. 학습량에 대한
부담감이 줄어들면 아이의 공부 습관을
더 쉽게 만들 수 있어요.

2 반복 학습으로 '정확성'부터 '속도'까지 모두 잡아요.

피아노 연주를 배운다고 생각해 보세요. 처음부터 한 곡을 아름답게 연주할 수 있나요? 악보를 읽고, 건반을 하나하나 누르는 게 가능해도 각 음을 박자에 맞춰 정확하고 리듬감 있게 멜로디로 연주하려면 여러 번 반복해서 연습하는 과정이 꼭 필요합니다. 수학도 똑같아요. 개념을 알고 문제를 이해할 수 있어도 계산은 꼭 반복해서 훈련해야 합니다. 수나 식을 계산하는 데 시간이 걸리면 문제를 풀 시간이 모자라게 되고, 어려운 풀이 과정을 다 세워놓고도 마지막 단순 계산에서 실수를 하게 될 수도 있어요. 계산 방법을 몰라서 틀리는 게 아니라 절차 수행이 능숙하지 않아서 오작동을 일으키거나 시간이 오래 걸리는 거랍니다. 꾸준하게 같은 난이도의 문제를 충분히 반복하면 실수가 줄어들고, 점점 빠르게 계산할 수 있어요. 정확성과 속도를 높이는 데 중점을 두고 연산 훈련을 해서 수학의 기초를 튼튼하게 다지세요.

One Day 반복 설계

하루 1장, 2가지 유형
동일 난이도로 5일 반복

×5

3 반복은 아이 성향과 상황에 맞게 조절하세요.

연산 학습에 반복은 꼭 필요하지만, 아이가 지치고 수학을 싫어하게 만들 정도라면 반복하는 루틴을 조절해 보세요. 아이가 충분히 잘 알고 잘하는 주제라면 반복의 양을 줄일 수도 있고, 매일이 너무 바쁘다면 3일은 연산, 2일은 독해로 과목을 다르게 공부할 수도 있어요. 다만 남은 일차는 계산 실수가 잦을 때 다시 풀어보기로 아이와 약속해 두는 것이 좋아요.

아이의 성향과 현재 상황을 잘 살펴서 융통성 있게 반복하는 '내 아이 맞춤 패턴'을 만들어 보세요.

계산법 맞춤 패턴 만들기

1. 단계별로 3일치만 풀기
3일씩만 풀고, 남은 2일치는 시험 대비나 복습용으로 쓰세요.

2. 2단계씩 묶어서 반복하기
1, 2단계를 3일치씩 풀고 다시 1단계로 돌아가 남은 2일치를 풀어요. 교차학습은 지식을 좀더 오래 기억할 수 있도록 하죠.

4 응용 문제를 풀 때 필요한 연산까지 연습하세요.

연산 훈련을 충분히 하더라도 실제로 학교 시험에 나오는 문제를 보면 당황할 수 있어요. 아이들은 문제의 꼴이 조금만 달라져도 지레 겁을 냅니다.

특히 모르는 수를 □로 놓고 식을 세워야 하는 문장제가 학교 시험에 나오면 아이들은 당황하기 시작하죠. 아이 입장에서 기초 연산으로 해결할 수 없는 □ 자체가 낯설고 어떻게 풀어야 할지 고민될 수 있습니다.

이럴 때는 식 4+□=7을 7-4=□로 바꾸는 것에 익숙해지는 연습해 보세요. 학교에서 알려주지 않지만 응용 문제에는 꼭 필요한 □가 있는 식을 훈련하면 연산에서 응용까지 쉽게 연결할 수 있어요. 스스로 세수를 하고 싶지만 세면대가 너무 높은 아이를 위해 작은 계단을 놓아준다고 생각하세요.

초등 방정식 훈련

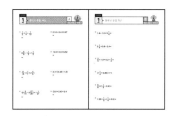

초등학생 눈높이에 맞는 □가 있는 식 바꾸기 훈련으로 한 권을 마무리하세요. 문장제처럼 다양한 연산 활용 문제를 푸는 밑바탕을 만들 수 있어요.

5 아이 스스로 계획하고, 실천해서 자기공부력을 쑥쑥 키워요.

백 명의 아이들은 제각기 백 가지 색깔을 지니고 있어요. 아이가 승부욕이 있다면 시간 재기를, 계획 세우는 것을 좋아한다면 스스로 약속을 할 수 있게 돕는 것도 좋아요. 아이와 많은 이야기를 나누면서 공부가 잘되는 시간, 환경, 동기 부여 방법 등을 살펴보고 주도적으로 실천할 수 있는 분위기를 만드는 것이 중요합니다.

아이 스스로 계획하고 실천하면 오늘 약속한 것을 모두 끝냈다는 작은 성취감을 가질 수 있어요. 자기 공부에 대한 책임감도 생깁니다. 자신만의 공부 스타일을 찾고, 주도적으로 실천해야 자기공부력을 키울 수 있어요.

나만의 학습 기록표

잘 보이는 곳에 붙여놓고 주도적으로 실천해요. 어제보다, 지난주보다, 지난달보다 나아진 실력을 보면서 뿌듯함을 느껴보세요!

권별 학습 구성

〈기적의 계산법〉은 유아 단계부터 초등 6학년까지로 구성된 연산 프로그램 교재입니다.
권별, 단계별 내용을 한눈에 확인하고,
유아부터 초등까지 〈기적의 계산법〉으로 공부하세요.

• 차례 •

111
단계

비와 비율

▶ 학습계획 : 매일 공부할 날짜를 정하고, 계획에 맞게 공부하세요.

일차	1일차	2일차	3일차	4일차	5일차
날짜	/	/	/	/	/

▶ 학습연계 : 지금 무엇을 배우는지 확인하고, 이전에 배운 단계와 앞으로 배울 단계를 살펴보세요.

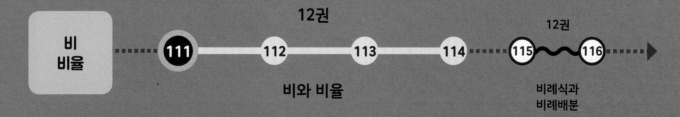

비 비율

12권

111 → 112 → 113 → 114 → 115 → 116

비와 비율

12권

비례식과
비례배분

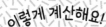

111 비와 비율

비는 두 수를 나눗셈으로 비교하는 방법이에요.

비 두 수를 나눗셈으로 비교하기 위해
기호 : 를 사용하여 나타낸 것을 비라고 합니다.

$$3 : 5$$

비교하는 양   기준량

읽기 3 : 5 ➡ 3 대 5
3과 5의 비
5에 대한 3의 비
3의 5에 대한 비

비율 기준량에 대한 비교하는 양의 크기를 비율이라고 합니다.
비율은 기준량에 대한 비교하는 양의 크기를 나타내며, 분수나 소수로 나타낼 수 있어요.

비 3 : 5 를 비율로 나타내면 $3 \div 5 = \dfrac{3 \;\leftarrow \text{비교하는 양}}{5 \;\leftarrow \text{기준량}}$ ➡ $(\text{비율}) = \dfrac{(\text{비교하는 양})}{(\text{기준량})}$

전체 9칸 중에 ●는 3개, ▲는 6개 있어요. ●와 ▲를 비교해 보세요.

▲를 기준으로 ●를 비교하면 ➡ **비** ● : ▲ = 3 : 6 **비율** ●는 ▲의 $3 \div 6 = \dfrac{1}{2}$(배)

●를 기준으로 ▲를 비교하면 ➡ **비** ▲ : ● = 6 : 3 **비율** ▲는 ●의 $6 \div 3 = 2$(배)

6 : 3과 3 : 6은 서로 다른 비!
기준에 따라 비와 비율이 달라지므로
두 수의 위치를 바꿔 쓰지 않도록
주의하세요!

A 비

비	기준량	비교하는 양
3 : 5	5	3
4와 7의 비	7	4
9에 대한 5의 비	9	5

B 비율

비 3 : 4를 비율로 나타내면 $3 \div 4$

$3 \div 4$ ➙ 분수 : $\dfrac{3}{4}$
➙ 소수 : 0.75

★ 비에서 기준량과 비교하는 양을 찾아 쓰세요.

비	기준량	비교하는 양
① 비교하는 양 ↓ **2 : 5** └ 기준량		
② **11 : 20**		
③ **1** 대 **4**		
④ **19** 대 **16**		
⑤ **3**과 **8**의 비		
⑥ **22**와 **25**의 비		
⑦ **5**에 대한 **4**의 비		
⑧ **25**에 대한 **12**의 비		
⑨ **8**의 **1**에 대한 비		
⑩ **13**의 **16**에 대한 비		

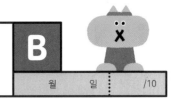
★ 비율을 기약분수와 소수로 나타내세요.

(비교하는 양)÷(기준량)

$\frac{(비교하는\ 양)}{(기준량)}$

(비교하는 양)÷(기준량)을 나누어떨어질 때까지 계산해요.

비 \ 비율	분수	소수
① 2 : 5		
② 13 : 25		
③ 1 대 5		
④ 7 대 10		
⑤ 8과 5의 비		
⑥ 18과 20의 비		
⑦ 8에 대한 7의 비		
⑧ 25에 대한 23의 비		
⑨ 9의 5에 대한 비		
⑩ 12의 48에 대한 비		

★ 비에서 기준량과 비교하는 양을 찾아 쓰세요.

비	기준량	비교하는 양
① 3 : 10 비교하는 양 ↗ 기준량 ↗		
② 25 : 4		
③ 7 대 25		
④ 23 대 40		
⑤ 4와 25의 비		
⑥ 47과 50의 비		
⑦ 20에 대한 39의 비		
⑧ 50에 대한 27의 비		
⑨ 3의 16에 대한 비		
⑩ 31의 40에 대한 비		

★ 비율을 기약분수와 소수로 나타내세요.

┌ (비교하는 양)÷(기준량)

$\frac{(비교하는\ 양)}{(기준량)}$

(비교하는 양)÷(기준량)을
나누어떨어질 때까지 계산해요.

비 \ 비율	분수	소수
① 2 : 25		
② 7 : 50		
③ 24 대 16		
④ 3 대 40		
⑤ 1과 50의 비		
⑥ 17과 20의 비		
⑦ 10에 대한 1의 비		
⑧ 5에 대한 18의 비		
⑨ 8의 25에 대한 비		
⑩ 21의 40에 대한 비		

★ 비에서 기준량과 비교하는 양을 찾아 쓰세요.

비	기준량	비교하는 양
① 비교하는 양 ↘ **3 : 20** ↗ 기준량		
② **17 : 40**		
③ **1** 대 **16**		
④ **11** 대 **50**		
⑤ **7**과 **40**의 비		
⑥ **42**와 **25**의 비		
⑦ **25**에 대한 **9**의 비		
⑧ **40**에 대한 **11**의 비		
⑨ **1**의 **20**에 대한 비		
⑩ **100**의 **50**에 대한 비		

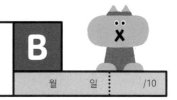

★ 비율을 기약분수와 소수로 나타내세요.

⌐ (비교하는 양)÷(기준량)

(비교하는 양)
─────────
(기준량)

(비교하는 양)÷(기준량)을
나누어떨어질 때까지 계산해요.

비 ╲ 비율	분수	소수
① 7 : 20		
② 41 : 40		
③ 5 대 8		
④ 29 대 50		
⑤ 1과 40의 비		
⑥ 21과 25의 비		
⑦ 10에 대한 9의 비		
⑧ 40에 대한 37의 비		
⑨ 6의 25에 대한 비		
⑩ 120의 50에 대한 비		

★ 비에서 기준량과 비교하는 양을 찾아 쓰세요.

비	기준량	비교하는 양
① 비교하는 양 ↘ 12 : 16 ↑ 기준량		
② 23 : 50		
③ 17 대 25		
④ 26 대 40		
⑤ 30과 25의 비		
⑥ 34와 40의 비		
⑦ 20에 대한 13의 비		
⑧ 80에 대한 94의 비		
⑨ 10의 16에 대한 비		
⑩ 43의 50에 대한 비		

★ 비율을 기약분수와 소수로 나타내세요.

비 \ 비율	분수	소수
① 1 : 25		
② 7 : 10		
③ 3 대 50		
④ 9 대 40		
⑤ 7과 14의 비		
⑥ 65와 50의 비		
⑦ 40에 대한 51의 비		
⑧ 50에 대한 8의 비		
⑨ 3의 25에 대한 비		
⑩ 19의 20에 대한 비		

(비교하는 양) ÷ (기준량)

$\dfrac{(비교하는\ 양)}{(기준량)}$

(비교하는 양) ÷ (기준량)을 나누어떨어질 때까지 계산해요.

5 Day 비와 비율

A

★ 비에서 기준량과 비교하는 양을 찾아 쓰세요.

비	기준량	비교하는 양
① 27 : 8 ┌ 비교하는 양 └ 기준량		
② 33 : 40		
③ 19 대 25		
④ 31 대 50		
⑤ 11과 25의 비		
⑥ 53과 100의 비		
⑦ 40에 대한 22의 비		
⑧ 50에 대한 39의 비		
⑨ 35의 20에 대한 비		
⑩ 15의 16에 대한 비		

5 Day

비와 비율

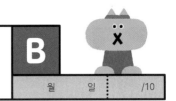

B

월   일   /10

★ 비율을 기약분수와 소수로 나타내세요.

(비교하는 양)÷(기준량)

$\frac{(비교하는 양)}{(기준량)}$

(비교하는 양)÷(기준량)을
나누어떨어질 때까지 계산해요.

비 　　　비율	분수	소수
① 20 : 16		
② 41 : 50		
③ 20 대 25		
④ 38 대 40		
⑤ 21과 50의 비		
⑥ 54와 125의 비		
⑦ 20에 대한 12의 비		
⑧ 50에 대한 180의 비		
⑨ 39의 40에 대한 비		
⑩ 63의 90에 대한 비		

112
단계

백분율

▶ **학습계획** : 매일 공부할 날짜를 정하고, 계획에 맞게 공부하세요.

일차	1일차	2일차	3일차	4일차	5일차
날짜	/	/	/	/	/

▶ **학습연계** : 지금 무엇을 배우는지 확인하고, 이전에 배운 단계와 앞으로 배울 단계를 살펴보세요.

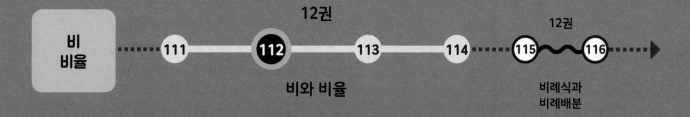

비
비율

12권

111 — **112** — 113 — 114 ---- 115 ～ 116

12권

비와 비율

비례식과
비례배분

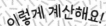

112 백분율

백분율은 기준량이 100인 비율이에요!

백분율 기준량을 100으로 할 때의 비율을 백분율이라고 해요.
백분율은 기호 %를 사용하여 나타내고, 퍼센트라고 읽어요.

기준량 100

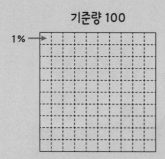

1%

색칠한 부분은 전체 100칸 중의 68칸이므로 $\frac{68}{100}$ 입니다.

$\frac{68}{100}$ 을 68 %로 나타내고 68 퍼센트라고 읽습니다.

비율: $\frac{68}{100}$ ➡ 68 %

백분율로 나타내기

분수, 소수와 백분율의 관계

① 분수, 소수를 백분율로 나타내기: 분수나 소수에 100을 곱합니다. (분수, 소수)×100

$\frac{1}{4}$ ➡ $\frac{1}{4}$×100 ➡ 25 %

0.13 ➡ 0.13×100 ➡ 13 %

② 백분율을 분수, 소수로 나타내기: 백분율을 100으로 나눕니다. (백분율)÷100

97 % ➡ 97÷100 ➡ $\frac{97}{100}$=0.97

A

비율 ➡ 백분율

$\frac{3}{5}$ ➡ $\frac{3}{5}$ ×100 ➡ 60 %

0.9 ➡ 0.9×100 ➡ 90 %

B

백분율 ➡ 비율

7 % ➡ 7 ÷100 ➡ $\frac{7}{100}$

42 % ➡ 42 ÷100 ➡ 0.42

★ 비율을 백분율로 나타내세요.

비율 ──×100──▶ 백분율	
① $\dfrac{47}{100}$	%
② $\dfrac{21}{40}$	%
③ $\dfrac{9}{25}$	%
④ $\dfrac{13}{20}$	%
⑤ $\dfrac{10}{10}$	%
⑥ $\dfrac{1}{8}$	%
⑦ $\dfrac{167}{500}$	%

비율	백분율
⑧ 0.7	%
⑨ 0.2	%
⑩ 0.85	%
⑪ 0.314	%
⑫ 0.02	%
⑬ 1.4	%
⑭ 1.096	%

★ 백분율을 기약분수 또는 소수로 나타내세요.

백분율 ──÷100──▶ 분수	
① 4% $4 \div 100 = \frac{4}{100} = \frac{1}{25}$	
② 90%	
③ 75%	
④ 120%	
⑤ 145%	
⑥ 87.5%	
⑦ 3.2%	

백분율	소수
⑧ 8%	
⑨ 50%	
⑩ 91%	
⑪ 108%	
⑫ 24.3%	
⑬ 6.7%	
⑭ 5.9%	

★ 비율을 백분율로 나타내세요.

비율 ──×100──→ 백분율	
① $\dfrac{113}{100}$	%
② $\dfrac{17}{50}$	%
③ $\dfrac{21}{25}$	%
④ $\dfrac{5}{8}$	%
⑤ $\dfrac{1}{2}$	%
⑥ $\dfrac{12}{125}$	%
⑦ $\dfrac{11}{200}$	%

비율	백분율
⑧ 0.3	%
⑨ 0.8	%
⑩ 0.98	%
⑪ 0.749	%
⑫ 0.04	%
⑬ 6.5	%
⑭ 1.02	%

★ 백분율을 기약분수 또는 소수로 나타내세요.

백분율 ──÷100──▶ 분수	
① 3% $3 \div 100 = \frac{3}{100}$	
② 55%	
③ 74%	
④ 105%	
⑤ 310%	
⑥ 26.4%	
⑦ 7.6%	

백분율	소수
⑧ 9%	
⑨ 12%	
⑩ 45%	
⑪ 170%	
⑫ 56.2%	
⑬ 3.8%	
⑭ 9.4%	

3 Day 백분율

A

★ 비율을 백분율로 나타내세요.

비율 ──×100──→ 백분율	
① $\dfrac{9}{100}$	%
② $\dfrac{3}{50}$	%
③ $\dfrac{13}{8}$	%
④ $\dfrac{1}{5}$	%
⑤ $\dfrac{3}{4}$	%
⑥ $\dfrac{3}{200}$	%
⑦ $\dfrac{17}{250}$	%

비율	백분율
⑧ 0.6	%
⑨ 0.4	%
⑩ 0.51	%
⑪ 0.807	%
⑫ 0.01	%
⑬ 0.753	%
⑭ 2.5	%

★ 백분율을 기약분수 또는 소수로 나타내세요.

백분율 —÷100→ 분수	
① 8 % $8 \div 100 = \frac{8}{100} = \frac{2}{25}$	
② 30 %	
③ 46 %	
④ 125 %	
⑤ 160 %	
⑥ 10.4 %	
⑦ 2.5 %	

백분율	소수
⑧ 2 %	
⑨ 49 %	
⑩ 76 %	
⑪ 103 %	
⑫ 150 %	
⑬ 58.1 %	
⑭ 3.5 %	

★ 비율을 백분율로 나타내세요.

비율 ──×100──▸ 백분율	
① $\dfrac{51}{100}$	%
② $\dfrac{7}{40}$	%
③ $\dfrac{29}{20}$	%
④ $\dfrac{9}{10}$	%
⑤ $\dfrac{3}{8}$	%
⑥ $\dfrac{4}{25}$	%
⑦ $\dfrac{16}{125}$	%

비율	백분율
⑧ 0.5	%
⑨ 0.1	%
⑩ 0.27	%
⑪ 0.64	%
⑫ 0.03	%
⑬ 4.6	%
⑭ 1.118	%

★ 백분율을 기약분수 또는 소수로 나타내세요.

백분율 —÷100→ 분수	
① 5 % $5 \div 100 = \frac{5}{100} = \frac{1}{20}$	
② 24 %	
③ 60 %	
④ 67 %	
⑤ 150 %	
⑥ 15.2 %	
⑦ 2.6 %	

백분율	소수
⑧ 4 %	
⑨ 22 %	
⑩ 85 %	
⑪ 101 %	
⑫ 135 %	
⑬ 74.8 %	
⑭ 8.9 %	

★ 비율을 백분율로 나타내세요.

비율 ——×100→ 백분율	
① $\dfrac{3}{100}$	%
② $\dfrac{71}{50}$	%
③ $\dfrac{14}{25}$	%
④ $\dfrac{7}{8}$	%
⑤ $\dfrac{5}{2}$	%
⑥ $\dfrac{1}{125}$	%
⑦ $\dfrac{9}{250}$	%

비율	백분율
⑧ 0.4	%
⑨ 0.7	%
⑩ 0.93	%
⑪ 0.285	%
⑫ 0.06	%
⑬ 0.518	%
⑭ 1.3	%

5 Day > 백분율

★ 백분율을 기약분수 또는 소수로 나타내세요.

백분율 —÷100→ 분수	
① 9 % $9 \div 100 = \frac{9}{100}$	
② 50 %	
③ 82 %	
④ 126 %	
⑤ 140 %	
⑥ 62.5 %	
⑦ 1.8 %	

백분율	소수
⑧ 7 %	
⑨ 69 %	
⑩ 80 %	
⑪ 110 %	
⑫ 248 %	
⑬ 30.2 %	
⑭ 5.6 %	

113 단계

비교하는 양, 기준량 구하기

▶ **학습계획** : 매일 공부할 날짜를 정하고, 계획에 맞게 공부하세요.

일차	1일차	2일차	3일차	4일차	5일차
날짜	/	/	/	/	/

▶ **학습연계** : 지금 무엇을 배우는지 확인하고, 이전에 배운 단계와 앞으로 배울 단계를 살펴보세요.

비
비율

12권

111 112 **113** 114 ┈ 115 116

비와 비율

12권

비례식과
비례배분

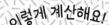

113 비교하는 양, 기준량 구하기

비율을 알면 비교하는 양 또는 기준량을 구할 수 있어요.

비교하는 양, 기준량, 비율 사이의 관계

비율은 비교하는 양을 기준량으로 나누어 구합니다. 무당벌레 그림을 이용하면 식을
비교하는 양 또는 기준량을 구하는 곱셈식 또는 나눗셈식으로 바꿀 수 있어요.

(비율)＝(비교하는 양)÷(기준량) ➡ (비교하는 양)＝(기준량)×(비율)

(기준량)＝(비교하는 양)÷(비율)

비교하는 양, 기준량 구하기

① '<u>10000원</u>의 <u>15 %</u>를 할인하여 판매합니다. <u>할인된 금액</u>은 얼마일까요?'
   기준량   비율   비교하는 양

➡ (비교하는 양)＝10000×0.15＝1500(원)

② '<u>정가</u>의 <u>15 %</u>를 할인하였더니 <u>1500원</u> 할인되었습니다. 정가는 얼마일까요?'
  기준량   비율   비교하는 양

➡ (기준량)＝1500÷0.15＝10000(원)

주의 비율이 백분율일 때에는 분수 또는 소수로 나타낸 다음, 비교하는 양 또는 기준량을 구해야 해요.

15 % ➡ $15 \div 100 = \frac{15}{100} = 0.15$

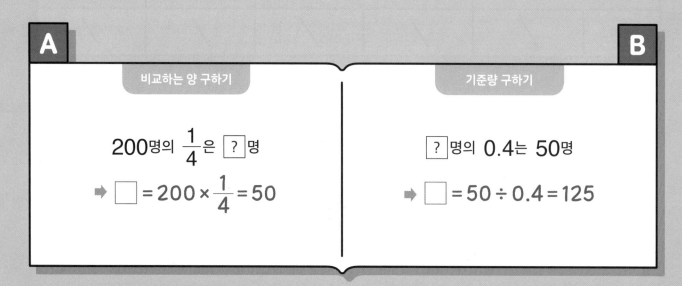

| A | 비교하는 양 구하기 | 기준량 구하기 | B |

200명의 $\frac{1}{4}$은 ? 명

➡ □ $= 200 \times \frac{1}{4} = 50$

? 명의 0.4는 50명

➡ □ $= 50 \div 0.4 = 125$

비교하는 양, 기준량 구하기

① 15명의 $\frac{1}{3}$ 은 [   ] 명

비교하는 양

$15 \times \frac{1}{3}$

② 42명의 $\frac{4}{7}$ 는 [   ] 명

③ 550명의 $\frac{12}{25}$ 는 [   ] 명

④ 38명의 0.5는 [   ] 명

⑤ 60명의 0.2는 [   ] 명

⑥ 225명의 0.48은 [   ] 명

⑦ 790명의 0.9는 [   ] 명

⑧ 20명의 5 %는 [   ] 명

백분율을 분수 또는 소수로!

➡ $5 \div 100 = \frac{5}{100} = 0.05$

⑨ 75명의 64 %는 [   ] 명

⑩ 80명의 30 %는 [   ] 명

⑪ 140명의 95 %는 [   ] 명

⑫ 300명의 3 %는 [   ] 명

⑬ 680명의 10 %는 [   ] 명

⑭ 800명의 63.5 %는 [   ] 명

① 기준량 ☐ 명의 $\frac{2}{5}$ 는 16명

$\square \times \frac{2}{5} = 16, \square = 16 \div \frac{2}{5}$

② ☐ 명의 $\frac{7}{13}$ 은 35명

③ ☐ 명의 $\frac{3}{8}$ 은 75명

④ ☐ 명의 0.5는 28명

⑤ ☐ 명의 0.45는 36명

⑥ ☐ 명의 0.2는 76명

⑦ ☐ 명의 0.25는 226명

⑧ ☐ 명의 25％는 3명

⑨ ☐ 명의 8％는 4명

⑩ ☐ 명의 63％는 63명

⑪ ☐ 명의 80％는 372명

⑫ ☐ 명의 55％는 396명

⑬ ☐ 명의 72％는 612명

⑭ ☐ 명의 39％는 390명

① 750원의 $\frac{1}{6}$ 은 [　비교하는 양　] 원

　　750 × $\frac{1}{6}$

② 1200원의 $\frac{5}{8}$ 는 [　　] 원

③ 31520원의 $\frac{9}{16}$ 는 [　　] 원

④ 500원의 0.56은 [　　] 원

⑤ 2160원의 0.7은 [　　] 원

⑥ 60400원의 0.84는 [　　] 원

⑦ 94000원의 0.05는 [　　] 원

⑧ 600원의 27%는 [　　] 원

　　백분율을 분수 또는 소수로!
　　➡ 27 ÷ 100 = $\frac{27}{100}$ = 0.27

⑨ 920원의 80%는 [　　] 원

⑩ 1000원의 9%는 [　　] 원

⑪ 4300원의 95%는 [　　] 원

⑫ 80000원의 51%는 [　　] 원

⑬ 35700원의 48%는 [　　] 원

⑭ 50800원의 70%는 [　　] 원

①
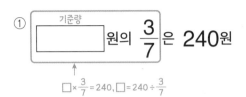
원의 $\dfrac{3}{7}$ 은 240원

$\square \times \dfrac{3}{7} = 240, \square = 240 \div \dfrac{3}{7}$

② [ ] 원의 $\dfrac{1}{9}$ 은 870원

③ [ ] 원의 $\dfrac{11}{20}$ 은 16500원

④ [ ] 원의 0.2는 452원

⑤ [ ] 원의 0.95는 760원

⑥ [ ] 원의 0.07은 3570원

⑦ [ ] 원의 0.3은 6900원

⑧ [ ] 원의 15%는 150원

⑨ [ ] 원의 80%는 768원

⑩ [ ] 원의 100%는 12300원

⑪ [ ] 원의 53%는 28620원

⑫ [ ] 원의 2%는 1400원

⑬ [ ] 원의 75%는 31500원

⑭ [ ] 원의 60%는 48300원

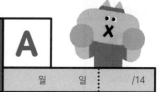

① 10cm의 $\frac{1}{5}$ 은 [   ] cm

비교하는 양

$10 \times \frac{1}{5}$

② 117cm의 $\frac{2}{9}$ 는 [   ] cm

③ 540cm의 $\frac{7}{12}$ 은 [   ] cm

④ 12cm의 0.35는 [   ] cm

⑤ 45cm의 1.2는 [   ] cm

⑥ 300cm의 0.99는 [   ] cm

⑦ 907.5cm의 0.8은 [   ] cm

⑧ 50m의 14%는 [   ] m

백분율을 분수 또는 소수로!

➡ $14 \div 100 = \frac{14}{100} = 0.14$

⑨ 175m의 6%는 [   ] m

⑩ 240m의 70%는 [   ] m

⑪ 600m의 142%는 [   ] m

⑫ 984m의 25%는 [   ] m

⑬ 1500m의 33%는 [   ] m

⑭ 3.5m의 40%는 [   ] m

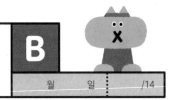

① 기준량 ⬚ m의 $\frac{2}{3}$ 는 22m

$\square \times \frac{2}{3} = 22, \square = 22 \div \frac{2}{3}$

② ⬚ m의 $\frac{9}{10}$ 는 369m

③ ⬚ m의 $\frac{5}{7}$ 는 255m

④ ⬚ m의 0.01은 0.2m

⑤ ⬚ m의 0.8은 72m

⑥ ⬚ m의 1.45는 754m

⑦ ⬚ m의 0.83은 581m

⑧ ⬚ cm의 2%는 2cm

⑨ ⬚ cm의 84%는 63cm

⑩ ⬚ cm의 15%는 51cm

⑪ ⬚ cm의 70%는 630cm

⑫ ⬚ cm의 28%는 14cm

⑬ ⬚ cm의 130%는 39cm

⑭ ⬚ cm의 200%는 50cm

① 14g의 $\frac{1}{2}$은 [비교하는 양] ☐ g

↑
14 × $\frac{1}{2}$

② 65g의 $\frac{3}{5}$은 ☐ g

③ 801g의 $\frac{7}{9}$은 ☐ g

④ 40g의 0.3은 ☐ g

⑤ 68g의 0.25는 ☐ g

⑥ 505g의 0.6은 ☐ g

⑦ 950g의 0.04는 ☐ g

⑧ 20mL의 20%는 ☐ mL

↑
백분율을 분수 또는 소수로!
➡ 20 ÷ 100 = $\frac{20}{100}$ = 0.2

⑨ 40mL의 92.5%는 ☐ mL

⑩ 100mL의 5%는 ☐ mL

⑪ 250mL의 38%는 ☐ mL

⑫ 475mL의 60%는 ☐ mL

⑬ 720mL의 55%는 ☐ mL

⑭ 908mL의 50%는 ☐ mL

① 기준량 ☐ mL의 $\dfrac{1}{4}$ 은 7mL

$\square \times \dfrac{1}{4} = 7, \square = 7 \div \dfrac{1}{4}$

② ☐ mL의 $\dfrac{6}{11}$ 은 66mL

③ ☐ mL의 $\dfrac{5}{6}$ 는 380mL

④ ☐ mL의 0.1은 7mL

⑤ ☐ mL의 0.52는 39mL

⑥ ☐ mL의 0.75는 465mL

⑦ ☐ mL의 0.9는 720mL

⑧ ☐ g의 4%는 1g

⑨ ☐ g의 45%는 18g

⑩ ☐ g의 20%는 14g

⑪ ☐ g의 6%는 21g

⑫ ☐ g의 92%는 460g

⑬ ☐ g의 85%는 816g

⑭ ☐ g의 42%는 252g

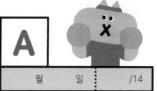

① 12시간의 $\dfrac{3}{4}$ 은 [ ] 시간   비교하는 양

$12 \times \dfrac{3}{4}$

⑧ 60분의 90 %는 [ ] 분

백분율을 분수 또는 소수로!
➡ $90 \div 100 = \dfrac{90}{100} = 0.9$

② 32시간의 $\dfrac{3}{8}$ 은 [ ] 시간

⑨ 100분의 83 %는 [ ] 분

③ 100시간의 $\dfrac{7}{25}$ 은 [ ] 시간

⑩ 24분의 25 %는 [ ] 분

④ 6시간의 0.2는 [ ] 시간

⑪ 155분의 40 %는 [ ] 분

⑤ 1.5시간의 0.68은 [ ] 시간

⑫ 120분의 75 %는 [ ] 분

⑥ 20시간의 0.4는 [ ] 시간

⑬ 46분의 50 %는 [ ] 분

⑦ 48시간의 0.05는 [ ] 시간

⑭ 70분의 80 %는 [ ] 분

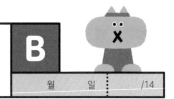

① 기준량 [　　　]분의 $\dfrac{1}{2}$은 15분

$\square \times \dfrac{1}{2} = 15, \square = 15 \div \dfrac{1}{2}$

② [　　　]분의 $\dfrac{13}{17}$은 13분

③ [　　　]분의 $\dfrac{2}{3}$는 30분

④ [　　　]분의 0.3은 6분

⑤ [　　　]분의 0.05는 3분

⑥ [　　　]분의 0.28은 21분

⑦ [　　　]분의 0.9는 27분

⑧ [　　　]시간의 75 %는 18시간

⑨ [　　　]시간의 10 %는 0.5시간

⑩ [　　　]시간의 30 %는 1.2시간

⑪ [　　　]시간의 40 %는 4시간

⑫ [　　　]시간의 50 %는 3시간

⑬ [　　　]시간의 94 %는 47시간

⑭ [　　　]시간의 12 %는 3시간

114 단계

가장 간단한 자연수의 비로 나타내기

▶ 학습계획 : 매일 공부할 날짜를 정하고, 계획에 맞게 공부하세요.

일차	1일차	2일차	3일차	4일차	5일차
날짜	/	/	/	/	/

▶ 학습연계 : 지금 무엇을 배우는지 확인하고, 이전에 배운 단계와 앞으로 배울 단계를 살펴보세요.

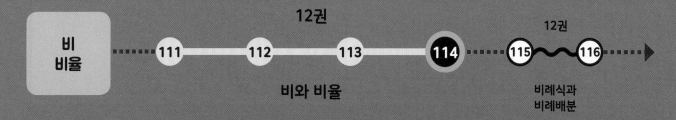

12권

비
비율

111 — 112 — 113 — **114** ⋯ 115 ～ 116 ➤

비와 비율

12권

비례식과
비례배분

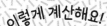

114 가장 간단한 자연수의 비로 나타내기

비의 성질을 이용하면 비를 가장 간단한 자연수의 비로 나타낼 수 있어요.

비의 성질

❶ 비의 전항과 후항에 0이 아닌 같은 수를 곱하여도 비율은 같아요.

$$6 : 8 \xrightarrow{\times 2} 12 : 16$$
전항 후항   ×2

❷ 비의 전항과 후항을 0이 아닌 같은 수로 나누어도 비율은 같아요.

$$6 : 8 \xrightarrow{\div 2} 3 : 4$$
전항 후항   ÷2

가장 간단한 자연수의 비로 나타내기

비의 성질을 이용하여 가장 간단한 자연수의 비로 나타낼 수 있어요.

각 항이 분수나 소수이면 비의 성질 ❶을 이용하고, 자연수이면 비의 성질 ❷를 이용해요.

A

(자연수) : (자연수) 최대공약수로 나누기

$$24 : 32 = (24 \div 8) : (32 \div 8)$$
24와 32의 최대공약수로 나누기
$$= 3 : 4$$

(소수) : (소수) 10, 100, 1000…… 곱하기

$$0.6 : 0.13$$
$$= (0.6 \times 100) : (0.13 \times 100)$$
0.13이 자연수가 되도록 100 곱하기
$$= 60 : 13$$

B

(분수) : (분수) 두 분모의 최소공배수 곱하기

$$\frac{1}{4} : \frac{3}{5} = (\frac{1}{4} \times 20) : (\frac{3}{5} \times 20)$$
4와 5의 최소공배수 곱하기
$$= 5 : 12$$

(분수) : (소수) 소수를 분수로 바꾸어 계산하기

소수를 분수로!
$$\frac{2}{5} : 0.7 = \frac{2}{5} : \frac{7}{10}$$
$$= (\frac{2}{5} \times 10) : (\frac{7}{10} \times 10)$$
5와 10의 최소공배수 곱하기
$$= 4 : 7$$

1 Day ▶ **가장 간단한 자연수의 비로 나타내기** A

월 일 /12

★ 가장 간단한 자연수의 비로 나타내세요.

① 6 : 10 =

6과 10의 최대공약수로
각 항을 나누어요.

② 9 : 24 =

③ 14 : 7 =

④ 18 : 48 =

⑤ 45 : 80 =

⑥ 28 : 36 =

⑦ 0.3 : 0.8 =

⑧ 1.9 : 0.4 =

⑨ 0.52 : 0.73 =

⑩ 0.42 : 0.72 =

⑪ 0.8 : 0.16 =

⑫ 0.3 : 0.25 =

가장 간단한 자연수의 비로 나타내기 **B**

★ 가장 간단한 자연수의 비로 나타내세요.

① $\dfrac{1}{2} : \dfrac{1}{4} =$

2와 4의 최소공배수를
각 항에 곱해요.

⑦ $1.6 : 8 =$

② $\dfrac{3}{8} : \dfrac{5}{12} =$

⑧ $25 : 2\dfrac{2}{9} =$

가분수로 고쳐요.

③ $\dfrac{2}{3} : 5\dfrac{1}{7} =$

⑨ $\dfrac{1}{4} : 0.2 =$

④ $1\dfrac{1}{5} : \dfrac{1}{9} =$

⑩ $0.4 : \dfrac{5}{7} =$

⑤ $2\dfrac{1}{4} : 2\dfrac{3}{5} =$

⑪ $2\dfrac{1}{2} : 2.7 =$

⑥ $2\dfrac{1}{2} : 1\dfrac{2}{3} =$

⑫ $1.5 : \dfrac{3}{4} =$

가장 간단한 자연수의 비로 나타내기

★ 가장 간단한 자연수의 비로 나타내세요.

① 3 : 9 =

↑   ↑
3과 9의 최대공약수로
각 항을 나누어요.

② 8 : 18 =

③ 21 : 6 =

④ 50 : 20 =

⑤ 16 : 18 =

⑥ 25 : 90 =

⑦ 0.5 : 0.7 =

⑧ 1.2 : 0.9 =

⑨ 0.7 : 1.6 =

⑩ 0.39 : 0.14 =

⑪ 0.09 : 0.15 =

⑫ 0.8 : 0.48 =

★ 가장 간단한 자연수의 비로 나타내세요.

① $\dfrac{3}{4} : \dfrac{1}{6} =$

4와 6의 최소공배수를
각 항에 곱해요.

⑦ $5 : 1.6 =$

② $\dfrac{1}{9} : \dfrac{1}{7} =$

⑧ $\dfrac{7}{8} : 21 =$

③ $\dfrac{6}{7} : \dfrac{9}{10} =$

⑨ $0.5 : \dfrac{1}{8} =$

④ $\dfrac{5}{6} : 1\dfrac{2}{3} =$

⑩ $\dfrac{1}{6} : 2.1 =$

⑤ $3\dfrac{1}{3} : \dfrac{4}{9} =$

⑪ $2.4 : \dfrac{4}{5} =$

⑥ $2\dfrac{2}{5} : 2\dfrac{2}{3} =$

⑫ $\dfrac{2}{5} : 0.6 =$

★ 가장 간단한 자연수의 비로 나타내세요.

① $4 : 6 =$

4와 6의 최대공약수로
각 항을 나누어요.

② $9 : 12 =$

③ $20 : 8 =$

④ $36 : 90 =$

⑤ $27 : 81 =$

⑥ $15 : 65 =$

⑦ $0.9 : 0.2 =$

⑧ $2.8 : 2.7 =$

⑨ $0.1 : 0.09 =$

⑩ $1.2 : 1.5 =$

⑪ $0.3 : 0.09 =$

⑫ $0.45 : 0.27 =$

3
Day ▷ 가장 간단한 자연수의 비로 나타내기

B

월   일   /12

★ 가장 간단한 자연수의 비로 나타내세요.

① $\dfrac{3}{5} : \dfrac{4}{7} =$

     5와 7의 최소공배수를
     각 항에 곱해요.

② $\dfrac{1}{3} : \dfrac{4}{5} =$

③ $\dfrac{2}{9} : \dfrac{5}{6} =$

④ $2\dfrac{1}{3} : \dfrac{2}{5} =$

⑤ $\dfrac{3}{7} : 1\dfrac{1}{5} =$

⑥ $1\dfrac{3}{4} : 2\dfrac{1}{3} =$

⑦ $0.8 : 1 =$

⑧ $14 : 3\dfrac{1}{2} =$

⑨ $0.5 : \dfrac{25}{28} =$

⑩ $\dfrac{6}{25} : 0.9 =$

⑪ $1.8 : 3\dfrac{1}{4} =$

⑫ $3\dfrac{3}{4} : 1.5 =$

가장 간단한 자연수의 비로 나타내기

★ 가장 간단한 자연수의 비로 나타내세요.

① 9 : 6 =

9와 6의 최대공약수로
각 항을 나누어요.

② 5 : 10 =

③ 6 : 28 =

④ 27 : 72 =

⑤ 14 : 84 =

⑥ 105 : 50 =

⑦ 1.1 : 0.8 =

⑧ 1.6 : 0.3 =

⑨ 0.36 : 0.49 =

⑩ 0.4 : 0.6 =

⑪ 0.8 : 0.64 =

⑫ 0.75 : 1.5 =

가장 간단한 자연수의 비로 나타내기   B

★ 가장 간단한 자연수의 비로 나타내세요.

① $\dfrac{3}{4} : \dfrac{1}{5} =$

4와 5의 최소공배수를
각 항에 곱해요.

② $\dfrac{5}{8} : \dfrac{3}{10} =$

③ $\dfrac{1}{4} : 1\dfrac{3}{5} =$

④ $1\dfrac{2}{9} : 1\dfrac{2}{3} =$

⑤ $3\dfrac{3}{5} : \dfrac{9}{10} =$

⑥ $1\dfrac{1}{14} : 4\dfrac{1}{2} =$

⑦ $2 : 2.2 =$

⑧ $2\dfrac{2}{3} : 28 =$

⑨ $1\dfrac{4}{5} : 0.4 =$

⑩ $2.5 : 4\dfrac{1}{2} =$

⑪ $1\dfrac{3}{8} : 2.2 =$

⑫ $1.8 : 1\dfrac{3}{5} =$

★ 가장 간단한 자연수의 비로 나타내세요.

① 9 : 30 =

9와 30의 최대공약수로
각 항을 나누어요.

② 14 : 32 =

③ 40 : 28 =

④ 56 : 76 =

⑤ 15 : 70 =

⑥ 26 : 65 =

⑦ 0.7 : 1.8 =

⑧ 0.12 : 0.05 =

⑨ 0.64 : 0.82 =

⑩ 0.8 : 0.4 =

⑪ 0.9 : 0.24 =

⑫ 0.03 : 1.5 =

★ 가장 간단한 자연수의 비로 나타내세요.

① $\dfrac{3}{8} : \dfrac{7}{10} =$

8과 10의 최소공배수를
각 항에 곱해요.

② $\dfrac{3}{4} : \dfrac{9}{10} =$

③ $3\dfrac{1}{3} : \dfrac{3}{4} =$

④ $\dfrac{5}{7} : 7\dfrac{1}{2} =$

⑤ $2\dfrac{1}{2} : 1\dfrac{5}{6} =$

⑥ $4\dfrac{1}{4} : 4\dfrac{2}{3} =$

⑦ $1.4 : 10 =$

⑧ $13 : 2\dfrac{1}{6} =$

⑨ $1\dfrac{2}{3} : 1.8 =$

⑩ $6.7 : 2\dfrac{1}{10} =$

⑪ $1\dfrac{3}{4} : 3.5 =$

⑫ $3.6 : 2\dfrac{2}{5} =$

115 단계

비례식

▶ 학습계획 : 매일 공부할 날짜를 정하고, 계획에 맞게 공부하세요.

일차	1일차	2일차	3일차	4일차	5일차
날짜	/	/	/	/	/

▶ 학습연계 : 지금 무엇을 배우는지 확인하고, 이전에 배운 단계와 앞으로 배울 단계를 살펴보세요.

비
비율

12권

111 ~ 114

비와 비율

12권

115

비례식과 비례배분

중학연산 1B

116

정비례와 반비례

115 비례식

비율이 같으면 "같은" 비예요.

비례식

비율이 같은 두 비를 기호 '='를 사용하여 나타 낸 식을 비례식이라고 해요.

2 : 3의 비율 → $\dfrac{2}{3}$

4 : 6의 비율 → $\dfrac{4}{6} = \dfrac{2}{3}$

비율이 같아요.

➡ 2 : 3 = 4 : 6

비례식의 성질

비례식에서 바깥쪽에 있는 두 수를 외항이라 하고, 안쪽에 있는 두 수를 내항이라고 합니다. 비례식에서 외항의 곱과 내항의 곱은 같아요.

외항
2 : 3 = 4 : 6
내항

➡ 외항의 곱: 2×6=12
내항의 곱: 3×4=12

비례식에서 □의 값 구하기

비의 성질과 비례식의 성질을 이용하여 구할 수 있어요.

방법1 비의 성질 이용하기

"0이 아닌 같은 수를 곱하거나 나누어도 비율은 같아요."

×3
3 : 5 = 9 : 15
×3

방법2 비례식의 성질 이용하기

"비례식에서 외항의 곱과 내항의 곱은 같아요."

3 × 15 = 45
3 : 5 = 9 : 15
5 × 9 = 45

A 비례식 풀기 ❶

÷2
10 : 8 = 5 : □
÷2

8 ÷ 2 = □

□ = 4

B 비례식 풀기 ❷

10 : 8 = 5 : □

$\dfrac{10 \times \square}{\text{(외항의 곱)}} = \dfrac{8 \times 5}{\text{(내항의 곱)}}$

□ = 40 ÷ 10

□ = 4

1 **Day** ▶ **비례식** A

월 일 /12

★ 비례식에서 ☐를 구하세요.

① $2 : 6 = 4 : \square$ (×2)   비례식의 성질을 이용해 풀어도 돼요.

② $7 : 9 = \square : 36$

③ $3 : \square = 18 : 24$

④ $20 : 25 = \square : 5$

⑤ $9 : 7 = 63 : \square$

⑥ $7 : 35 = \square : 40$
가장 간단한 자연수의 비로 고쳐 보세요.

⑦ $15 : 40 = 3 : \square$

⑧ $11 : 8 = \square : 24$

⑨ $49 : \square = 7 : 6$

⑩ $\square : 15 = 9 : 27$

⑪ $24 : 15 = 8 : \square$

⑫ $45 : 18 = \square : 100$

1 Day **비례식**

★ 비례식에서 □를 구하세요.

① $8 : \dfrac{1}{2} = 64 : \square$

(위: $8 \times \square$, 아래: $\dfrac{1}{2} \times 64$)

② $4\dfrac{1}{3} : 7 = \square : 21$

③ $2 : \square = \dfrac{2}{5} : 1$

④ $\square : \dfrac{1}{7} = 42 : 54$

⑤ $10 : \dfrac{4}{5} = 4 : \square$

⑥ $24 : 10 = \square : \dfrac{5}{8}$

⑦ $5 : 8 = 4.5 : \square$

⑧ $2 : 1.5 = \square : 6$

⑨ $4 : \square = 5 : 2.5$

⑩ $\square : 1.2 = 4 : 3$

⑪ $3.2 : 4 = 6 : \square$

⑫ $8 : 13 = \square : 6.5$

★ 비례식에서 ☐를 구하세요.

① 15 : ☐ = 5 : 4   비례식의 성질을 이용해
　　　　　　　　　　풀어도 돼요.
　　÷3 　　÷3

⑦ 36 : 48 = 9 : ☐

② 4 : 8 = ☐ : 40

⑧ 25 : 23 = ☐ : 92

③ 9 : ☐ = 81 : 45

⑨ 24 : 30 = 12 : ☐

④ ☐ : 4 = 9 : 18

⑩ ☐ : 5 = 60 : 75

⑤ 3 : 7 = ☐ : 63

⑪ ☐ : 50 = 81 : 25

⑥ 256 : ☐ = 16 : 45

⑫ 8 : ☐ = 48 : 138

비례식

★ 비례식에서 □를 구하세요.

① $\dfrac{1}{4} : \dfrac{4}{5} = 10 : \square$

$\dfrac{1}{4} \times \square$

$\dfrac{4}{5} \times 10$

② $5 : 9 = \square : 3\dfrac{3}{5}$

③ $\dfrac{2}{3} : \square = \dfrac{3}{4} : 9$

④ $\square : 6 = 2\dfrac{1}{3} : 2$

⑤ $\dfrac{5}{6} : 5 = \square : \dfrac{1}{2}$

⑥ $5\dfrac{1}{2} : \square = 1\dfrac{1}{5} : 8$

⑦ $2.1 : 4.5 = 2.8 : \square$

⑧ $7.5 : 6 = \square : 4$

⑨ $8.4 : \square = 42 : 40$

⑩ $\square : 9 = 3.6 : 2.7$

⑪ $8.5 : 4 = \square : 3.2$

⑫ $9.5 : \square = 1.25 : 4$

3 Day ▶ 비례식

★ 비례식에서 ☐를 구하세요.

① 4 : 7 = 16 : ☐

비례식의 성질을 이용해 풀어도 돼요.

⑦ 9 : 24 = 3 : ☐

② 6 : 5 = ☐ : 15

⑧ 3 : 21 = ☐ : 147

③ 6 : ☐ = 36 : 42

⑨ 18 : ☐ = 3 : 8

④ ☐ : 5 = 16 : 4

⑩ ☐ : 28 = 10 : 40

⑤ 20 : ☐ = 120 : 54

⑪ 144 : ☐ = 2 : 5

⑥ ☐ : 35 = 150 : 75

⑫ ☐ : 100 = 45 : 180

3 Day ▷ 비례식

★ 비례식에서 □를 구하세요.

① $2 : \dfrac{4}{5} = 5 : \boxed{}$

$2 \times \square$

$\dfrac{4}{5} \times 5$

② $\dfrac{5}{6} : \dfrac{2}{7} = \boxed{} : 12$

③ $8 : \boxed{} = 5\dfrac{1}{3} : 4$

④ $\boxed{} : \dfrac{7}{9} = 18 : 21$

⑤ $1\dfrac{1}{4} : \boxed{} = 12 : \dfrac{1}{10}$

⑥ $\boxed{} : \dfrac{3}{5} = 1\dfrac{1}{4} : 8$

⑦ $1.25 : 1.2 = 25 : \boxed{}$

⑧ $2.4 : 0.8 = \boxed{} : 2$

⑨ $30 : \boxed{} = 2.1 : 0.7$

⑩ $\boxed{} : 6.4 = 3 : 4$

⑪ $30 : \boxed{} = 1.5 : 2.2$

⑫ $\boxed{} : 6.5 = 2.8 : 2$

4 Day ▷ 비례식

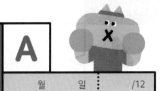

A

월   일   /12

★ 비례식에서 ☐를 구하세요.

① 8 : 5 = 64 : ☐   비례식의 성질을 이용해 풀어도 돼요.

⑦ 44 : ☐ = 11 : 12

② 2 : 3 = ☐ : 48

⑧ 9 : 7 = ☐ : 105

③ 12 : ☐ = 4 : 6

⑨ 18 : ☐ = 9 : 11

④ ☐ : 2 = 45 : 10

⑩ 63 : 84 = ☐ : 4

⑤ 121 : 77 = ☐ : 7

⑪ ☐ : 15 = 60 : 225

⑥ 22 : 33 = 44 : ☐

⑫ 32 : ☐ = 35 : 175

4 **Day** ❭ 비례식

B

★ 비례식에서 ☐를 구하세요.

① $\dfrac{1}{5} : \dfrac{3}{4} = \dfrac{4}{5} : \boxed{}$

$\dfrac{1}{5} \times \square$

$\dfrac{3}{4} \times \dfrac{4}{5}$

② $12 : 3 = \boxed{} : 1\dfrac{1}{2}$

③ $5 : \boxed{} = 4 : 1\dfrac{3}{5}$

④ $\boxed{} : \dfrac{2}{3} = 9 : 15$

⑤ $\boxed{} : 1\dfrac{2}{5} = \dfrac{1}{7} : 12$

⑥ $2\dfrac{3}{4} : \dfrac{5}{8} = 24 : \boxed{}$

⑦ $4 : 5 = 5.2 : \boxed{}$

⑧ $0.6 : 2.1 = \boxed{} : 7$

⑨ $3 : \boxed{} = 4.2 : 5.6$

⑩ $\boxed{} : 5 = 3.2 : 4$

⑪ $\boxed{} : 17 = 2.7 : 5.1$

⑫ $3 : 6.2 = 1.5 : \boxed{}$

비례식

★ 비례식에서 ☐를 구하세요.

① $5 : 16 = 30 : \boxed{}$ （×6）

비례식의 성질을 이용해 풀어도 돼요.

② $7 : 3 = \boxed{} : 12$

③ $16 : 24 = 4 : \boxed{}$

④ $\boxed{} : 8 = 30 : 48$

⑤ $100 : 65 = 20 : \boxed{}$

⑥ $25 : 35 = \boxed{} : 14$

⑦ $6 : 8 = 9 : \boxed{}$

⑧ $30 : 12 = \boxed{} : 4$

⑨ $40 : \boxed{} = 15 : 6$

⑩ $\boxed{} : 18 = 18 : 27$

⑪ $23 : 73 = 138 : \boxed{}$

⑫ $\boxed{} : 168 = 13 : 104$

5 Day ▷ 비례식

B

★ 비례식에서 □를 구하세요.

① $10 : 16 = \dfrac{5}{12} : \square$

$10 \times \square$

$16 \times \dfrac{5}{12}$

② $6\dfrac{2}{3} : 25 = \square : 75$

③ $6 : \square = 10\dfrac{2}{7} : 12$

④ $\square : 45 = \dfrac{4}{5} : 9$

⑤ $9\dfrac{1}{4} : 10 = \dfrac{1}{10} : \square$

⑥ $1\dfrac{1}{5} : 10\dfrac{1}{2} = \square : 15$

⑦ $5 : 4 = 25.5 : \square$

⑧ $1.5 : 5 = \square : 100$

⑨ $3.3 : \square = 66 : 22$

⑩ $\square : 4 = 0.45 : 0.2$

⑪ $26.4 : 9.9 = 10 : \square$

⑫ $11.4 : 0.6 = \square : 4.5$

116 단계

비례배분

▶ 학습계획 : 매일 공부할 날짜를 정하고, 계획에 맞게 공부하세요.

일차	1일차	2일차	3일차	4일차	5일차
날짜	/	/	/	/	/

▶ 학습연계 : 지금 무엇을 배우는지 확인하고, 이전에 배운 단계와 앞으로 배울 단계를 살펴보세요.

비
비율

12권
111 ~ 114
비와 비율

12권
115 ━━━ 116
비례식과 비례배분

중학연산 1B
정비례와 반비례

116 비례배분

비례배분은 전체를 주어진 비로 나누는 거예요.

전체를 주어진 비로 배분하는 것을 비례배분이라고 해요.
사탕 14개를 명수와 준하에게 2 : 5로 비례배분하면 몇 개씩 나누어 주게 되는지 알아볼까요?

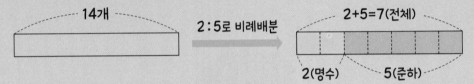

명수: 전체 14개를 (2+5)로 나눈 것 중의 2만큼 ➡ 14개의 $\dfrac{2}{2+5}$ ➡ $14 \times \dfrac{2}{7} = 4$(개)

전항과 후항의 합 　　　　 전항

준하: 전체 14개를 (2+5)로 나눈 것 중의 5만큼 ➡ 14개의 $\dfrac{5}{2+5}$ ➡ $14 \times \dfrac{5}{7} = 10$(개)

전항과 후항의 합 　　　　 후항

4+10=14(개)로 전체 개수와 같아요.

참고 비례배분을 하고 나면 그 결과의 합이 처음 주어진 전체와 같은지 확인하는 습관을 기르세요.
만약 같지 않다면 비례배분을 잘못한 것이므로 계산 과정을 다시 한 번 살펴보세요.

A

주어진 비로 비례배분

15를 2 : 3으로 비례배분

➡ $15 \times \dfrac{2}{2+3} = 15 \times \dfrac{2}{5} = 6$

$15 \times \dfrac{3}{2+3} = 15 \times \dfrac{3}{5} = 9$

B

가장 간단한 자연수의 비로 고쳐서 비례배분

40을 6 : 4로 비례배분

$6 : 4 = 3 : 2$ 　가장 간단한 자연수의 비로 고쳐서 비례배분해요.

➡ $40 \times \dfrac{3}{3+2} = 40 \times \dfrac{3}{5} = 24$

$40 \times \dfrac{2}{3+2} = 40 \times \dfrac{2}{5} = 16$

① 20을 2 : 3으로 비례배분

$$20 \times \frac{2}{2+3} =$$

$$20 \times \frac{3}{2+3} =$$

➡ _____, _____

더했을 때 20인지 확인하세요.

② 48을 3 : 5로 비례배분

➡ _____, _____

③ 63을 5 : 4로 비례배분

➡ _____, _____

④ 56을 4 : 3으로 비례배분

➡ _____, _____

⑤ 72를 5 : 7로 비례배분

➡ _____, _____

⑥ 121을 6 : 5로 비례배분

➡ _____, _____

1 **Day** ▷ 비례배분

① 12를 3 : 6으로 비례배분

3 : 6 = 1 : 2   가장 간단한 자연수의 비로
나타낸 후 비례배분해요.

➡ _____ , _____

④ 81을 16 : 20으로 비례배분

16 : 20 =

➡ _____ , _____

② 18을 5 : 5로 비례배분

5 : 5 =

➡ _____ , _____

⑤ 99를 10 : 12로 비례배분

10 : 12 =

➡ _____ , _____

③ 98을 10 : 4로 비례배분

10 : 4 =

➡ _____ , _____

⑥ 105를 18 : 3으로 비례배분

18 : 3 =

➡ _____ , _____

① 10을 2 : 3으로 비례배분

$$10 \times \frac{2}{2+3} =$$

$$10 \times \frac{3}{2+3} =$$

➡ _____ , _____
더했을 때 10인지 확인하세요.

② 54를 7 : 2로 비례배분

➡ _____ , _____

③ 70을 3 : 11로 비례배분

➡ _____ , _____

④ 30을 5 : 1로 비례배분

➡ _____ , _____

⑤ 45를 7 : 8로 비례배분

➡ _____ , _____

⑥ 130을 6 : 7로 비례배분

➡ _____ , _____

① 14를 8 : 6으로 비례배분

8 : 6 = 4 : 3

가장 간단한 자연수의 비로
나타낸 후 비례배분해요.

➡ _____, _____

② 36을 15 : 12로 비례배분

15 : 12 =

➡ _____, _____

③ 68을 3 : 9로 비례배분

3 : 9 =

➡ _____, _____

④ 50을 4 : 16으로 비례배분

4 : 16 =

➡ _____, _____

⑤ 96을 14 : 10으로 비례배분

14 : 10 =

➡ _____, _____

⑥ 180을 10 : 15로 비례배분

10 : 15 =

➡ _____, _____

① 27을 4 : 5로 비례배분

$$27 \times \frac{4}{4+5} =$$

$$27 \times \frac{5}{4+5} =$$

➡ _____, _____

더했을 때 27인지 확인하세요.

② 84를 5 : 7로 비례배분

➡ _____, _____

③ 165를 7 : 4로 비례배분

➡ _____, _____

④ 10을 1 : 4로 비례배분

➡ _____, _____

⑤ 42를 9 : 5로 비례배분

➡ _____, _____

⑥ 91을 5 : 2로 비례배분

➡ _____, _____

① 8을 6 : 2로 비례배분

6 : 2 = 3 : 1   가장 간단한 자연수의 비로
나타낸 후 비례배분해요.

➡ _____, _____

② 45를 6 : 3으로 비례배분

6 : 3 =

➡ _____, _____

③ 180을 4 : 8로 비례배분

4 : 8 =

➡ _____, _____

④ 56을 5 : 15로 비례배분

5 : 15 =

➡ _____, _____

⑤ 90을 18 : 42로 비례배분

18 : 42 =

➡ _____, _____

⑥ 279를 12 : 15로 비례배분

12 : 15 =

➡ _____, _____

4 Day **비례배분**

A

월 일 /6

① 24를 1 : 3으로 비례배분

$$24 \times \frac{1}{1+3} =$$

$$24 \times \frac{3}{1+3} =$$

➡ _____, _____

더했을 때 24인지 확인하세요.

④ 16을 5 : 3으로 비례배분

➡ _____, _____

② 52를 3 : 10으로 비례배분

➡ _____, _____

⑤ 78을 4 : 9로 비례배분

➡ _____, _____

③ 128을 7 : 9로 비례배분

➡ _____, _____

⑥ 112를 6 : 1로 비례배분

➡ _____, _____

4 Day > 비례배분

① 20을 6 : 9로 비례배분

6 : 9 = 2 : 3

가장 간단한 자연수의 비로
나타낸 후 비례배분해요.

➡ _____, _____

② 63을 8 : 4로 비례배분

8 : 4 =

➡ _____, _____

③ 126을 6 : 8로 비례배분

6 : 8 =

➡ _____, _____

④ 48을 2 : 14로 비례배분

2 : 14 =

➡ _____, _____

⑤ 192를 15 : 9로 비례배분

15 : 9 =

➡ _____, _____

⑥ 550을 12 : 21로 비례배분

12 : 21 =

➡ _____, _____

① 26을 5 : 8로 비례배분

$$26 \times \frac{5}{5+8} =$$

$$26 \times \frac{8}{5+8} =$$

➡ _____ , _____

더했을 때 26인지 확인하세요.

④ 18을 1 : 2로 비례배분

➡ _____ , _____

② 35를 3 : 4로 비례배분

➡ _____ , _____

⑤ 75를 2 : 13으로 비례배분

➡ _____ , _____

③ 250을 7 : 3으로 비례배분

➡ _____ , _____

⑥ 132를 3 : 8로 비례배분

➡ _____ , _____

① 15를 5 : 10으로 비례배분

5 : 10 = 1 : 2 가장 간단한 자연수의 비로 나타낸 후 비례배분해요.

➡ _____, _____

② 80을 6 : 9로 비례배분

6 : 9 =

➡ _____, _____

③ 153을 8 : 10으로 비례배분

8 : 10 =

➡ _____, _____

④ 69를 4 : 8로 비례배분

4 : 8 =

➡ _____, _____

⑤ 221을 24 : 15로 비례배분

24 : 15 =

➡ _____, _____

⑥ 900을 8 : 12로 비례배분

8 : 12 =

➡ _____, _____

117단계

중학교 방정식 ❶

▶ 학습계획 : 매일 공부할 날짜를 정하고, 계획에 맞게 공부하세요.

일차	1일차	2일차	3일차	4일차	5일차
날짜	/	/	/	/	/

▶ 학습연계 : 지금 무엇을 배우는지 확인하고, 이전에 배운 단계와 앞으로 배울 단계를 살펴보세요.

117 중학교 방정식 ❶

중학교에서는 □ 대신 알파벳 x를 써요.

초등학교 때에는 모르는 어떤 수를 □로 나타내어 식을 만들었어요.
중학교에서는 □ 대신 x를 사용해서 식을 나타내고 이 식을 방정식이라고 부릅니다.

방정식에서 사용되는 용어를 미리 알아볼까요?

등식 등호(＝)를 써서 나타낸 식

방정식 $x+2=5$와 같이 미지수 x의 값에 따라 참이 되기도 하고 거짓이 되기도 하는 등식

방정식을 푼다 방정식을 참이 되게 하는 미지수 x의 값을 구하는 것

항 ×로 이루어진 문자나 수 예 $x+2=5$, $3×x-2=6$, $x÷4-3=5$

x의 값을 구하려면 등식의 한쪽에 x만 남기고 나머지 항들을 다른 쪽으로 옮겨 '$x=\underline{\quad}$'의 꼴로 만들어요.
이때 항을 옮기는 것을 이항이라 부르고, 등식의 성질❶이 이용됩니다.

등식의 성질❶ 등식의 양쪽에 같은 수를 더하거나 빼도 등식은 성립한다.
■=▲이면 ■＋●=▲＋●
■=▲이면 ■－●=▲－●

이항 방정식의 한쪽에 있는 항을 부호를 바꾸어 다른 쪽으로 옮기는 것.
　＋, －가 있는 방정식에서 '－'는 이항하면 '＋', '＋'는 이항하면 '－'가 됩니다.
　$x+5=10 \Rightarrow x=10-5$,　$x-7=3 \Rightarrow x=3+7$
　　└─ 이항(＋ → －) ─┘　　└─ 이항(－ → ＋) ─┘

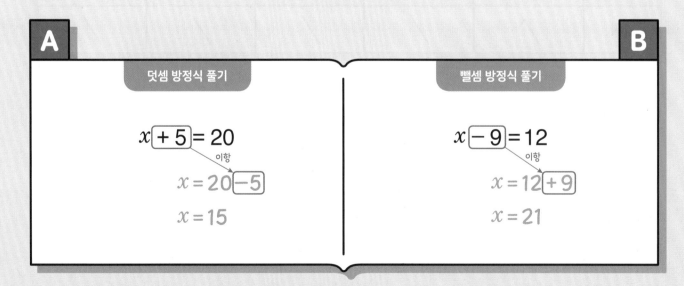

A 덧셈 방정식 풀기

$x\boxed{+5}=20$
　이항
$x=20\boxed{-5}$
$x=15$

B 뺄셈 방정식 풀기

$x\boxed{-9}=12$
　이항
$x=12\boxed{+9}$
$x=21$

1
Day

중학교 방정식 ❶

A

★ 방정식에서 x를 구하세요.

① $x\boxed{+2}=6$
　　　　　이항
　　$x=6\boxed{-2}$
　　$x=4$

② $x+4=9$

③ $x+\dfrac{1}{2}=3\dfrac{1}{2}$

④ $x+0.4=7.4$

⑤ $x+4.1=10.5$

⑥ $6+x=8$

⑦ $7+x=12$

⑧ $\dfrac{1}{3}+x=\dfrac{2}{3}$

⑨ $3.7+x=6.2$

⑩ $2.7+x=9.4$

★ 방정식에서 x를 구하세요.

① $x\boxed{-3}=2$

      이항

    $x=2\boxed{+3}$

    $x=5$

② $x-5=9$

③ $x-\dfrac{1}{2}=\dfrac{1}{2}$

④ $x-\dfrac{2}{7}=\dfrac{3}{7}$

⑤ $x-1.5=0.3$

⑥ $\boxed{7-x}=4$

      x 앞에 − 가 있으면 x가 있는 항을 이항해요.

    $7=4\boxed{+x}$

    $x=7-4$

    $x=3$

⑦ $8-x=2$

⑧ $\dfrac{4}{5}-x=\dfrac{2}{5}$

⑨ $2\dfrac{3}{11}-x=\dfrac{6}{11}$

⑩ $3.6-x=1.6$

⭐ 방정식에서 x를 구하세요.

① $x\boxed{+5}=7$

　　$x=7\boxed{-5}$
　　$x=2$

② $x+3=10$

③ $x+\dfrac{5}{6}=1\dfrac{5}{6}$

④ $x+\dfrac{1}{3}=5\dfrac{2}{3}$

⑤ $x+0.6=1.9$

⑥ $9+x=23$

⑦ $4+x=15$

⑧ $\dfrac{4}{5}+x=2\dfrac{1}{5}$

⑨ $\dfrac{4}{13}+x=3\dfrac{9}{13}$

⑩ $4.9+x=8.3$

★ 방정식에서 x를 구하세요.

① $x\boxed{-1}=5$

　　　　　이항

　　$x=5\boxed{+1}$

　　$x=6$

② $x-4=8$

③ $x-\dfrac{2}{3}=2\dfrac{1}{3}$

④ $x-2.8=1.2$

⑤ $x-1.5=3.7$

⑥ $14-x=9$

⑦ $10-x=5$

⑧ $1\dfrac{1}{7}-x=\dfrac{6}{7}$

⑨ $5.7-x=2.4$

⑩ $10.5-x=9.6$

★ 방정식에서 x를 구하세요.

① $x\boxed{+1}=8$ 이항

$x=8\boxed{-1}$

$x=7$

② $x+5=17$

③ $x+\dfrac{2}{7}=1$

④ $x+11.8=16$

⑤ $x+2.7=11$

⑥ $5+x=13$

⑦ $10+x=21$

⑧ $1\dfrac{2}{5}+x=4\dfrac{3}{5}$

⑨ $0.08+x=4.08$

⑩ $1.15+x=2.25$

★ 방정식에서 x를 구하세요.

① $x\boxed{-4}=5$

$\quad$ 이항

$\quad x=5\boxed{+4}$

$\quad x=9$

② $x-1=11$

③ $x-\dfrac{3}{4}=2$

④ $x-3\dfrac{1}{3}=5$

⑤ $x-10.9=20$

⑥ $9-x=3$

⑦ $15-x=7$

⑧ $3\dfrac{1}{6}-x=2\dfrac{1}{6}$

⑨ $4\dfrac{1}{8}-x=2\dfrac{7}{8}$

⑩ $1.06-x=0.16$

중학교 방정식 ❶

★ 방정식에서 x를 구하세요.

① $x \boxed{+9} = 15$
  이항
  $x = 15 \boxed{-9}$
  $x = 6$

② $x + 4 = 22$

③ $x + 2\dfrac{2}{3} = 4$

④ $x + \dfrac{5}{12} = 22$

⑤ $x + 7.5 = 20$

⑥ $8 + x = 25$

⑦ $15 + x = 30$

⑧ $2\dfrac{4}{9} + x = 3\dfrac{1}{9}$

⑨ $2\dfrac{3}{5} + x = 5\dfrac{1}{5}$

⑩ $5.86 + x = 9.67$

4 Day > 중학교 방정식 ❶

B

월   일   /10

★ 방정식에서 x를 구하세요.

① $x\boxed{-5}=2$
   이항
   $x=2\boxed{+5}$
   $x=7$

② $x-3=16$

③ $x-\dfrac{2}{9}=1$

④ $x-4.1=7$

⑤ $x-2.5=5$

⑥ $12-x=8$

⑦ $24-x=9$

⑧ $1\dfrac{7}{8}-x=1\dfrac{5}{8}$

⑨ $3.98-x=1.42$

⑩ $10.13-x=0.37$

★ 방정식에서 x를 구하세요.

① $x \boxed{+7} = 19$
　　　　　$\searrow$ 이항
　　　$x = 19 \boxed{-7}$
　　　$x = 12$

⑥ $11 + x = 20$

② $x + 14 = 27$

⑦ $18 + x = 32$

③ $x + \dfrac{1}{8} = \dfrac{3}{4}$

⑧ $\dfrac{2}{3} + x = \dfrac{4}{5}$

④ $x + 0.25 = 0.5$

⑨ $6 + x = 7.1$

⑤ $x + 9.37 = 11.2$

⑩ $1.8 + x = 7.64$

5 Day

중학교 방정식 ❶

B

월 일 /10

★ 방정식에서 x를 구하세요.

① $x\boxed{-8}=7$

$x=7\boxed{+8}$

$x=15$

② $x-14=19$

③ $x-\dfrac{1}{3}=\dfrac{1}{2}$

④ $x-4.7=0.3$

⑤ $x-8.25=0.2$

⑥ $13-x=6$

⑦ $20-x=15$

⑧ $\dfrac{5}{6}-x=\dfrac{3}{4}$

⑨ $10.9-x=1.7$

⑩ $11.55-x=3.6$

118단계

중학교 방정식 ❷

▶ 학습계획 : 매일 공부할 날짜를 정하고, 계획에 맞게 공부하세요.

일차	1일차	2일차	3일차	4일차	5일차
날짜	/	/	/	/	/

▶ 학습연계 : 지금 무엇을 배우는지 확인하고, 이전에 배운 단계와 앞으로 배울 단계를 살펴보세요.

| 일차 방정식 | 11권 110 6학년 방정식 | 117 | 12권 118 중학교 방정식 | 중학연산 1B 119 일차방정식 |

118 중학교 방정식 ❷

곱셈, 나눗셈이 있는 방정식도 'x=⌣⌣⌣'가 되게 만들어요.

117단계에서는 덧셈, 뺄셈이 있는 방정식을 풀었어요. 이때 이항과 등식의 성질❶을 배웠습니다.
118단계에서는 곱셈과 나눗셈이 있는 방정식을 푸는 방법을 배웁니다.
등식의 성질❷, ❸을 이용하여 등식의 한쪽에 미지수 x만 남게 만들고, x의 값을 구해요.

등식의 성질❷ 등식의 양쪽에 같은 수를 곱해도 등식은 성립한다.

$$■=▲이면\ ■×●=▲×●$$

등식의 성질❸ 등식의 양쪽을 0이 아닌 같은 수로 나누어도 등식은 성립한다.

$$■=▲이면\ ■÷●=▲÷● \ (단, ●는 0이 아닌 수)$$

곱셈이 있는 방정식은 등식의 양쪽을 0이 아닌 같은 수로 나누고,
나눗셈이 있는 방정식은 등식의 양쪽에 같은 수를 곱해서 풀면 돼요.

$$x×4=3$$
$$x×4÷4=3÷4$$
$$x=3÷4$$
$$x=\frac{3}{4}$$

등식의 성질③
등식의 양쪽을 0이 아닌 같은 수로 나누어도 등식은 성립한다.

$$x÷5=3$$
$$x÷5×5=3×5$$
$$x=3×5$$
$$x=15$$

등식의 성질②
등식의 양쪽에 같은 수를 곱해도 등식은 성립한다.

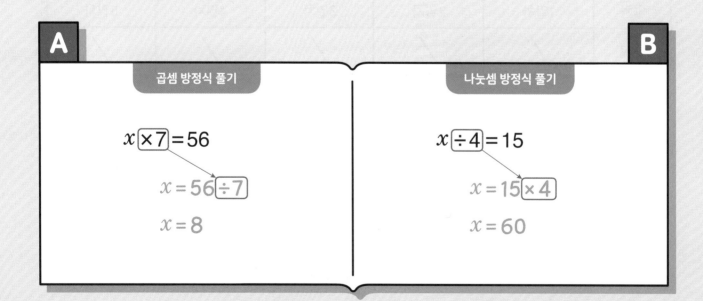

A 곱셈 방정식 풀기

$$x \boxed{×7}=56$$
$$x=56\boxed{÷7}$$
$$x=8$$

B 나눗셈 방정식 풀기

$$x\boxed{÷4}=15$$
$$x=15\boxed{×4}$$
$$x=60$$

★ 방정식에서 x를 구하세요.

① $x \boxed{\times 4} = 8$

$\quad x = 8 \boxed{\div 4}$
$\quad x = 2$

② $x \times 2 = 10$

③ $x \times \dfrac{2}{3} = 6$

④ $x \times 0.5 = 3$

⑤ $x \times 3.2 = 16$

⑥ $5 \times x = 25$

⑦ $3 \times x = 27$

⑧ $\dfrac{1}{2} \times x = 7$

⑨ $0.7 \times x = 1.4$

⑩ $1.7 \times x = 13.6$

★ 방정식에서 x를 구하세요.

① $x \div 3 = 4$

$x = 4 \times 3$

$x = 12$

② $x \div 7 = 2$

③ $x \div \dfrac{1}{2} = 10$

④ $x \div \dfrac{5}{6} = 18$

⑤ $x \div 0.8 = 6$

⑥ $16 \div x = 8$

x 앞에 ÷가 있으면 ×가 되도록 위치를 옮겨요.

$16 = 8 \times x$

$x = 16 \div 8$

$x = 2$

⑦ $28 \div x = 4$

⑧ $\dfrac{3}{4} \div x = 6$

⑨ $\dfrac{7}{12} \div x = 14$

⑩ $3.6 \div x = 4$

⭐ 방정식에서 x를 구하세요.

① $x \boxed{\times 3} = 21$

　　$x = 21 \boxed{\div 3}$
　　$x = 7$

② $x \times 8 = 32$

③ $x \times \dfrac{1}{4} = 3$

④ $x \times \dfrac{2}{9} = \dfrac{1}{6}$

⑤ $x \times 1.6 = 8$

⑥ $2 \times x = 12$

⑦ $9 \times x = 18$

⑧ $\dfrac{5}{6} \times x = 15$

⑨ $\dfrac{7}{12} \times x = \dfrac{1}{4}$

⑩ $7.2 \times x = 21.6$

★ 방정식에서 x를 구하세요.

① $x \div 6 = 3$

　　$x = 3 \times 6$
　　$x = 18$

② $x \div 6 = 9$

③ $x \div \dfrac{2}{5} = 15$

④ $x \div 1.2 = 2$

⑤ $x \div 3.7 = 10$

⑥ $20 \div x = 5$

⑦ $42 \div x = 7$

⑧ $\dfrac{1}{8} \div x = 2$

⑨ $4.9 \div x = 7$

⑩ $0.9 \div x = 18$

⭐ 방정식에서 x를 구하세요.

① $x \boxed{\times 9} = 36$

$x = 36 \boxed{\div 9}$

$x = 4$

② $x \times 2 = 22$

③ $x \times \dfrac{3}{5} = 4\dfrac{4}{5}$

④ $x \times 2.6 = 75.4$

⑤ $x \times 3.3 = 16.83$

⑥ $7 \times x = 35$

⑦ $8 \times x = 64$

⑧ $\dfrac{5}{9} \times x = \dfrac{4}{9}$

⑨ $5.5 \times x = 18.7$

⑩ $6.4 \times x = 35.2$

★ 방정식에서 x를 구하세요.

① $x \div 9 = 3$

$x = 3 \times 9$
$x = 27$

② $x \div 6 = 6$

③ $x \div \dfrac{2}{3} = 7\dfrac{1}{2}$

④ $x \div \dfrac{3}{7} = 2\dfrac{1}{3}$

⑤ $x \div 0.6 = 40.5$

⑥ $24 \div x = 4$

⑦ $50 \div x = 5$

⑧ $\dfrac{1}{5} \div x = \dfrac{4}{5}$

⑨ $\dfrac{5}{8} \div x = \dfrac{3}{4}$

⑩ $12.5 \div x = 2.5$

★ 방정식에서 x를 구하세요.

① $x \boxed{\times 6} = 48$

   $x = 48 \boxed{\div 6}$
   $x = 8$

⑥ $4 \times x = 40$

② $x \times 7 = 63$

⑦ $13 \times x = 52$

③ $x \times \dfrac{6}{7} = 5\dfrac{1}{7}$

⑧ $\dfrac{5}{8} \times x = \dfrac{5}{12}$

④ $x \times \dfrac{5}{11} = 10$

⑨ $\dfrac{4}{5} \times x = \dfrac{17}{20}$

⑤ $x \times 8.6 = 38.7$

⑩ $4.3 \times x = 42.14$

4 Day 〉 중학교 방정식 ❷

★ 방정식에서 x를 구하세요.

① $x \div 8 = 4$

$x = 4 \times 8$

$x = 32$

② $x \div 5 = 9$

③ $x \div \dfrac{8}{9} = 6\dfrac{3}{4}$

④ $x \div 1.5 = 36.4$

⑤ $x \div 4.9 = 12.2$

⑥ $35 \div x = 7$

⑦ $81 \div x = 9$

⑧ $\dfrac{2}{7} \div x = \dfrac{5}{7}$

⑨ $27.2 \div x = 1.7$

⑩ $23.1 \div x = 2.1$

⭐ 방정식에서 x를 구하세요.

① $x \boxed{\times 9} = 54$

$x = 54 \boxed{\div 9}$
$x = 6$

② $x \times 5 = 65$

③ $x \times 3\frac{3}{7} = 18$

④ $x \times 0.75 = 0.15$

⑤ $x \times 10.25 = 6.15$

⑥ $2 \times x = 50$

⑦ $12 \times x = 84$

⑧ $6\frac{3}{4} \times x = 15$

⑨ $2.7 \times x = 54$

⑩ $8.24 \times x = 4.12$

5 Day

중학교 방정식 ❷

★ 방정식에서 x를 구하세요.

① $x \boxed{\div 7} = 8$

$\quad\quad x = 8 \boxed{\times 7}$

$\quad\quad x = 56$

② $x \div 9 = 4$

③ $x \div 1\dfrac{1}{8} = 1\dfrac{1}{3}$

④ $x \div 2\dfrac{1}{4} = 1\dfrac{3}{8}$

⑤ $x \div 5.6 = 7.5$

⑥ $60 \div x = 10$

⑦ $26 \div x = 2$

⑧ $3\dfrac{1}{2} \div x = 1\dfrac{2}{5}$

⑨ $13 \div x = \dfrac{1}{2}$

⑩ $27.2 \div x = 3.4$

중학교 방정식 ❸

▶ 학습계획 : 매일 공부할 날짜를 정하고, 계획에 맞게 공부하세요.

일차	1일차	2일차	3일차	4일차	5일차
날짜	/	/	/	/	/

▶ 학습연계 : 지금 무엇을 배우는지 확인하고, 이전에 배운 단계와 앞으로 배울 단계를 살펴보세요.

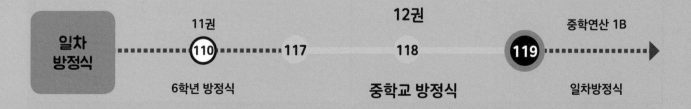

12권

일차
방정식

11권
110 ······ 117 ······ 118 ······ 119 ······ 중학연산 1B

6학년 방정식   중학교 방정식   일차방정식

119 중학교 방정식 ❸

x의 값을 구하려면 x에 곱해져 있는 수를 1이 되게 만들어요.

x가 있는 혼합 계산 방정식 문제를 풀 때는 먼저 ❶x에 붙어 있는 곱셈 또는 나눗셈을 x와 한 덩어리로 묶어요. 그런 다음 덧셈, 뺄셈을 이항하여 x가 있는 덩어리만 남겨요. 그다음 ❷등식의 성질❷, ❸을 이용하여 x의 값을 구하면 돼요.

곱셈과 덧셈 또는 뺄셈이 있는 방정식	나눗셈과 덧셈 또는 뺄셈이 있는 방정식

❶ $x×5$를 묶고, $+3$을 이항하여 -3으로 바꿉니다.

$$\boxed{x×5}+3=28$$
$$\boxed{x×5}=28-3 ⇒ x×5=25$$

❷ **등식의 성질❸** 등식의 양쪽을 0이 아닌 같은 수로 나누어도 등식은 성립합니다.

$$x×5÷5=25÷5$$
$$x=5$$

❶ $x÷4$를 묶고, $+7$을 이항하여 -7로 바꿉니다.

$$\boxed{x÷4}+7=12$$
$$\boxed{x÷4}=12-7 ⇒ x÷4=5$$

❷ **등식의 성질❷** 등식의 양쪽에 같은 수를 곱해도 등식은 성립합니다.

$$x÷4×4=5×4$$
$$x=20$$

A

곱셈, 덧셈, 뺄셈이 있는 방정식 풀기

$$x×4\boxed{-9}=3$$
$$x×4=3\boxed{+9}$$
$$x\boxed{×4}=12$$
$$x=12\boxed{÷4}$$
$$x=3$$

B

나눗셈, 덧셈, 뺄셈이 있는 방정식 풀기

$$x÷7\boxed{-3}=4$$
$$x÷7=4\boxed{+3}$$
$$x\boxed{÷7}=7$$
$$x=7\boxed{×7}$$
$$x=49$$

중학교 방정식 ❸

★ 방정식에서 x를 구하세요.

① $\boxed{x \times 2} + 5 = 13$

$\quad x \times 2 \qquad = 13 - 5$

> 계속해서 x의
> 값을 구하세요.

② $x \times 4 + 1 = 21$

③ $7 \times x + 8 = 29$

④ $6 \times x + 6 = 30$

⑤ $x \times \dfrac{5}{12} + 4 = 14$

⑥ $x \times 5 - 3 = 12$

⑦ $x \times 3 - 2 = 22$

⑧ $9 \times x - 4 = 23$

⑨ $6 \times x - 7 = 35$

⑩ $x \times \dfrac{3}{4} - 4 = 2$

1 **Day** 〉 중학교 방정식 ❸

B

월   일   /10

★ 방정식에서 x를 구하세요.

① $\boxed{x \div 3} + 8 = 10$

　　$x \div 3 \quad = 10 - 8$

계속해서 x의 값을 구하세요.

② $x \div 2 + 5 = 13$

③ $32 \div x + 3 = 7$

④ $35 \div x + 1 = 8$

⑤ $x \div \dfrac{1}{8} + 9 = 25$

⑥ $x \div 5 - 3 = 2$

⑦ $x \div 7 - 2 = 9$

⑧ $81 \div x - 3 = 6$

⑨ $64 \div x - 1 = 7$

⑩ $x \div \dfrac{2}{5} - 5 = 10$

⭐ 방정식에서 x를 구하세요.

① $\boxed{x \times 3} + 6 = 21$

　　$x \times 3 \qquad = 21 - 6$

　　　　　계속해서 x의
　　　　　값을 구하세요.

② $x \times 2 + 9 = 25$

③ $5 \times x + 8 = 18$

④ $4 \times x + 4 = 20$

⑤ $x \times \dfrac{1}{2} + 2 = 4$

⑥ $x \times 6 - 2 = 40$

⑦ $x \times 3 - 30 = 3$

⑧ $7 \times x - 5 = 16$

⑨ $5 \times x - 8 = 37$

⑩ $x \times \dfrac{2}{5} - 1 = 7$

2 Day 〉 중학교 방정식 ❸

★ 방정식에서 x를 구하세요.

① $\boxed{x \div 5} + 1 = 7$

$x \div 5 \qquad = 7 - 1$

계속해서 x의
값을 구하세요.

② $x \div 8 + 6 = 9$

③ $21 \div x + 3 = 10$

④ $40 \div x + 9 = 14$

⑤ $x \div \dfrac{1}{4} + 15 = 23$

⑥ $x \div 4 - 1 = 8$

⑦ $x \div 11 - 7 = 1$

⑧ $39 \div x - 4 = 9$

⑨ $28 \div x - 5 = 2$

⑩ $x \div \dfrac{5}{14} - 16 = 12$

★ 방정식에서 x를 구하세요.

① $\boxed{x \times 8} + 5 = 13$

$x \times 8 \qquad = 13 - 5$

계속해서 x의
값을 구하세요.

② $x \times 6 + 3 = 45$

③ $5 \times x + 2 = 22$

④ $3 \times x + 1 = 10$

⑤ $x \times \dfrac{3}{4} + 5 = 11$

⑥ $x \times 6 - 30 = 6$

⑦ $x \times 4 - 41 = 15$

⑧ $2 \times x - 50 = 26$

⑨ $10 \times x - 67 = 13$

⑩ $x \times 3 - 19.6 = 5$

★ 방정식에서 x를 구하세요.

① $\boxed{x \div 3} + 7 = 10$

$x \div 3 \qquad = 10 - 7$

계속해서 x의 값을 구하세요.

② $x \div 9 + 4 = 11$

③ $18 \div x + 13 = 22$

④ $35 \div x + 4 = 9$

⑤ $x \div \dfrac{3}{8} + 4 = 12$

⑥ $x \div 3 - 9 = 6$

⑦ $x \div 5 - 16 = 4$

⑧ $33 \div x - 5 = 6$

⑨ $5 \div x - 23 = 17$

⑩ $x \div 7 - 3.8 = 3$

4 Day **중학교 방정식 ❸**

A

⭐ 방정식에서 x를 구하세요.

① $2 + \boxed{x \times 9} = 38$

$x \times 9 = 38 - 2$

> 계속해서 x의 값을 구하세요.

② $5 + x \times 2 = 27$

③ $3 + 8 \times x = 51$

④ $18 + 9 \times x = 63$

⑤ $1 + x \times 3.5 = 29$

⑥ $4 + x \div 5 = 7$

⑦ $8 + x \div 4 = 20$

⑧ $9 + 54 \div x = 27$

⑨ $7 + 66 \div x = 40$

⑩ $6 + x \div 2.8 = 11$

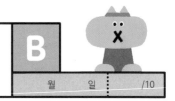
★ 방정식에서 x를 구하세요.

① $15 - \boxed{x \times 3} = 3$

x 앞에 −가 있으면 x가 있는 항을 이항해요.

$15 = 3 + \boxed{x \times 3}$

$15 - 3 = x \times 3$

계속해서 x의 값을 구하세요.

② $28 - x \times 4 = 12$

③ $46 - 6 \times x = 10$

④ $52 - 5 \times x = 17$

⑤ $4.4 - x \times 6 = 2$

⑥ $14 - x \div 7 = 8$

⑦ $23 - x \div 9 = 19$

⑧ $25 - 24 \div x = 21$

⑨ $29 - 28 \div x = 15$

⑩ $4.6 - x \div 9 = 4$

★ 방정식에서 x를 구하세요.

① $2 + \boxed{x \times 2} = 10$

$x \times 2 = 10 - 2$

계속해서 x의
값을 구하세요.

⑥ $4 + x \div 10 = 7$

② $4 + x \times 7 = 39$

⑦ $7 + x \div 4 = 11$

③ $5 + x \times 4 = 13$

⑧ $12 + 30 \div x = 17$

④ $1 + 3 \times x = 25$

⑨ $8 + 5 \div x = 9$

⑤ $9 + x \times 0.6 = 15$

⑩ $7 + x \div 2.4 = 12$

5
 Day

중학교 방정식 ❸

B

월   일   /10

★ 방정식에서 x를 구하세요.

① $27 - \boxed{x \times 5} = 12$

x 앞에 −가 있으면 x가 있는 항을 이항해요.

$27 = 12 + \boxed{x \times 5}$

$27 - 12 = x \times 5$

계속해서 x의 값을 구하세요.

② $65 - x \times 9 = 2$

③ $25 - 4 \times x = 9$

④ $74 - 7 \times x = 11$

⑤ $13.4 - x \times 8 = 3$

⑥ $13 - x \div 7 = 9$

⑦ $21 - x \div 4 = 12$

⑧ $11 - 24 \div x = 5$

⑨ $35 - 72 \div x = 27$

⑩ $5.9 - x \div 12 = 1$

120 단계

중학교 혼합 계산

▶ **학습계획** : 매일 공부할 날짜를 정하고, 계획에 맞게 공부하세요.

일차	1일차	2일차	3일차	4일차	5일차
날짜	/	/	/	/	/

▶ **학습연계** : 지금 무엇을 배우는지 확인하고, 이전에 배운 단계와 앞으로 배울 단계를 살펴보세요.

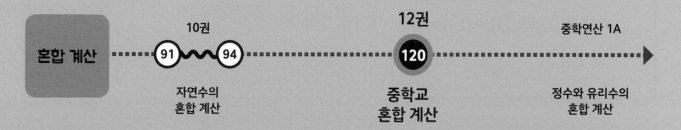

혼합 계산

10권
91 ～ 94
자연수의
혼합 계산

12권
120
중학교
혼합 계산

중학연산 1A
정수와 유리수의
혼합 계산

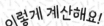

 120 **중학교 혼합 계산**

분수와 소수의 혼합 계산 순서는 자연수의 혼합 계산 순서와 같아요.

중학교에서는 분수와 소수까지 섞어서 혼합 계산을 할 때가 많으니 미리 연습해 봅니다.

계산 순서 자연수의 혼합 계산처럼 ( ) 안 → 곱셈, 나눗셈 → 덧셈, 뺄셈 순서로 계산해요.

( ) 안을 가장 먼저 계산

↓

곱셈, 나눗셈을 먼저

↓

덧셈, 뺄셈을 차례대로

$$1\frac{4}{5} \times (0.5 - \frac{1}{4}) \div 0.9$$

계산 방법 분수를 모두 소수로 나타내거나 소수를 모두 분수로 나타내어 계산해요.

$$1\frac{4}{5} \times (0.5 - \frac{1}{4}) \div 0.9 = 1.8 \times (0.5 - 0.25) \div 0.9 = 1.8 \times 0.25 \div 0.9 = 0.45 \div 0.9 = 0.5$$

$$1\frac{4}{5} \times (0.5 - \frac{1}{4}) \div 0.9 = \frac{9}{5} \times (\frac{5}{10} - \frac{1}{4}) \div \frac{9}{10} = \frac{9}{5} \times \frac{1}{4} \div \frac{9}{10} = \frac{9}{5} \times \frac{1}{4} \times \frac{10}{9} = \frac{1}{2}$$

A

분수의 혼합 계산

$$1\frac{3}{5} \times 1\frac{1}{4} + \frac{1}{10} = 2\frac{1}{10}$$

소수의 혼합 계산

$$(12.1 + 8.3) \div 0.4 = 51$$

B

분수, 소수의 혼합 계산

$$2\frac{1}{2} \times 1\frac{1}{5} + 3.6 \div 0.6 = 9$$

$$2\frac{1}{2} \times (1\frac{1}{5} + 3.6) \div 0.6 = 20$$

① $\dfrac{1}{2} \times \dfrac{1}{4} \div \dfrac{1}{10}$

=

⑤ $21.6 \div 2.4 \times 0.97$

=

② $9\dfrac{5}{6} - 1\dfrac{1}{2} \div 1\dfrac{1}{5}$

=

⑥ $14.6 \times 0.8 + 9.52$

=

③ $\dfrac{8}{15} \div \left(\dfrac{1}{7} \times 2\dfrac{4}{5}\right)$

=

⑦ $3.4 \div (0.25 \times 1.6)$

=

④ $\left(6\dfrac{3}{14} - 5\dfrac{27}{28}\right) \times 1\dfrac{1}{27}$

=

⑧ $(3.9 + 2.6) \times 2.4$

=

① $1.8 \div 1.2 \times 3\dfrac{1}{4} =$

② $2\dfrac{1}{4} \times 0.6 \div 2.4 =$

③ $\dfrac{2}{5} \times 1.6 + 0.2 \div \dfrac{1}{2} =$

④ $(1\dfrac{1}{4} + 0.85) \div 7 =$

⑤ $\dfrac{5}{8} \times (1\dfrac{1}{2} - 0.9) =$

⑥ $1.25 \times \dfrac{1}{5} \div (\dfrac{1}{4} + 0.5) =$

① $3\dfrac{3}{4} \div \dfrac{5}{12} \times \dfrac{1}{9}$

=

⑤ $0.2 \times 9.88 \div 0.76$

=

② $1\dfrac{6}{7} \div 1\dfrac{1}{25} + 1\dfrac{3}{14}$

=

⑥ $9.24 \div 6.6 - 0.37$

=

③ $\dfrac{4}{5} \div (1\dfrac{2}{3} \times \dfrac{8}{15})$

=

⑦ $3.3 \div (1.1 \times 1.5)$

=

④ $1\dfrac{1}{22} \div (1\dfrac{1}{2} + 1\dfrac{3}{8})$

=

⑧ $6.6 \div (4.08 - 3.84)$

=

① $\dfrac{4}{5} \div 0.3 \times 2\dfrac{1}{4} =$

② $4.75 \times 1.2 \div 1\dfrac{9}{10} =$

③ $1\dfrac{3}{5} - 2.6 \times \dfrac{1}{6} \div 3.25 =$

④ $(6 - 3\dfrac{1}{4}) \times 0.4 =$

⑤ $1\dfrac{1}{12} \div (1\dfrac{1}{3} + 0.4) =$

⑥ $\dfrac{1}{5} \times 6 \div (1.5 - \dfrac{1}{4}) =$

① $9\dfrac{3}{4} \times \dfrac{1}{3} \div 2\dfrac{3}{5}$

=

⑤ $3.76 \div 1.6 \times 0.3$

=

② $2\dfrac{6}{7} \times 1\dfrac{1}{8} + \dfrac{3}{5}$

=

⑥ $8.76 \div 1.2 + 2.8$

=

③ $\dfrac{1}{3} \div \left(\dfrac{1}{2} \div \dfrac{1}{6}\right)$

=

⑦ $15.2 \div (2.4 \div 0.3)$

=

④ $1\dfrac{1}{5} \div \left(1\dfrac{1}{5} + 1\dfrac{1}{15}\right)$

=

⑧ $11.8 \times (4 - 1.5)$

=

① $5.8 \div \dfrac{7}{25} \times 1.4 =$

② $\dfrac{1}{2} \times 0.3 \div 3.6 =$

③ $2.5 \times \dfrac{2}{5} \div 2\dfrac{1}{2} + 1\dfrac{9}{10} =$

④ $(1\dfrac{4}{25} + 0.24) \div 2\dfrac{1}{10} =$

⑤ $1\dfrac{5}{7} \times (2.8 \div \dfrac{7}{8} - 0.8) =$

⑥ $\dfrac{11}{20} \div (3.7 - \dfrac{2}{5}) + 1\dfrac{5}{6} =$

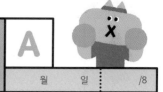
① $5 \div \dfrac{2}{7} \times \dfrac{4}{7}$

$=$

⑤ $37.4 \div 0.68 \times 0.2$

$=$

② $3\dfrac{5}{9} \div 5\dfrac{1}{3} + \dfrac{5}{12}$

$=$

⑥ $9.45 \div 1.4 + 9.2$

$=$

③ $\dfrac{1}{2} \div \left(2\dfrac{2}{3} \div 6\right)$

$=$

⑦ $19.5 \div (5.2 \times 2.5)$

$=$

④ $5\dfrac{3}{4} \div \left(\dfrac{1}{15} + \dfrac{1}{12}\right)$

$=$

⑧ $(15.9 - 12.05) \times 0.4$

$=$

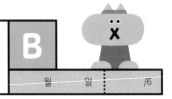
① $2.8 \div 2\dfrac{5}{8} + \dfrac{1}{3} =$

② $5.12 \times 1\dfrac{1}{2} \div 1\dfrac{3}{5} =$

③ $0.72 \div 1\dfrac{1}{8} - 0.8 \times \dfrac{4}{5} =$

④ $\left(2\dfrac{1}{5} - 1.2\right) \div \dfrac{1}{3} =$

⑤ $\left(0.4 + 2\dfrac{4}{5}\right) \times \dfrac{1}{4} =$

⑥ $1\dfrac{2}{3} \div \left(0.25 + \dfrac{1}{4}\right) \times 2\dfrac{2}{5} =$

① $4\dfrac{4}{9} \div 7 \times 1\dfrac{4}{5}$

=

② $1\dfrac{5}{6} + 2\dfrac{1}{7} \times 5\dfrac{5}{6}$

=

③ $5\dfrac{1}{3} \div (6 \times \dfrac{2}{7})$

=

④ $(2\dfrac{1}{3} - 1\dfrac{1}{5}) \times 1\dfrac{1}{14}$

=

⑤ $0.58 \times 2.7 \div 0.12$

=

⑥ $2.01 \div 0.6 + 0.17$

=

⑦ $57.8 \div (47.6 \div 0.7)$

=

⑧ $(3.81 + 3.71) \div (8.3 - 3.6)$

=

① $2\dfrac{1}{5} \times 2 \div 4\dfrac{5}{7} =$

② $4\dfrac{2}{3} - \dfrac{1}{2} \div 0.3 =$

③ $1\dfrac{1}{4} \times 2.8 \div 2\dfrac{5}{8} + \dfrac{1}{6} =$

④ $(1.2 + 1\dfrac{4}{5}) \times 0.3 =$

⑤ $2.4 \div (\dfrac{1}{2} + 0.6) =$

⑥ $1\dfrac{4}{5} \times 1.5 \div (0.9 - \dfrac{3}{8}) =$

12권 끝!
기적의 중학연산으로
넘어갈까요?

앗!

본책의 정답과 풀이를 분실하셨나요?
길벗스쿨 홈페이지에 들어오시면 내려받으실 수 있습니다.
https://school.gilbut.co.kr/

기적의 계산법

정답

초등 6학년

12권

정답

12권

엄마표 학습 생활기록부

111 단계

<학습기간>　　월　　일 ~ 　　월　　일

계획 준수	① 매우 잘함	② 잘함	③ 보통	④ 노력 요함	종합의견	
원리 이해	① 매우 잘함	② 잘함	③ 보통	④ 노력 요함		
시간 단축	① 매우 잘함	② 잘함	③ 보통	④ 노력 요함		
정확성	① 매우 잘함	② 잘함	③ 보통	④ 노력 요함		

112 단계

<학습기간>　　월　　일 ~ 　　월　　일

계획 준수	① 매우 잘함	② 잘함	③ 보통	④ 노력 요함	종합의견	
원리 이해	① 매우 잘함	② 잘함	③ 보통	④ 노력 요함		
시간 단축	① 매우 잘함	② 잘함	③ 보통	④ 노력 요함		
정확성	① 매우 잘함	② 잘함	③ 보통	④ 노력 요함		

113 단계

<학습기간>　　월　　일 ~ 　　월　　일

계획 준수	① 매우 잘함	② 잘함	③ 보통	④ 노력 요함	종합의견	
원리 이해	① 매우 잘함	② 잘함	③ 보통	④ 노력 요함		
시간 단축	① 매우 잘함	② 잘함	③ 보통	④ 노력 요함		
정확성	① 매우 잘함	② 잘함	③ 보통	④ 노력 요함		

114 단계

<학습기간>　　월　　일 ~ 　　월　　일

계획 준수	① 매우 잘함	② 잘함	③ 보통	④ 노력 요함	종합의견	
원리 이해	① 매우 잘함	② 잘함	③ 보통	④ 노력 요함		
시간 단축	① 매우 잘함	② 잘함	③ 보통	④ 노력 요함		
정확성	① 매우 잘함	② 잘함	③ 보통	④ 노력 요함		

115 단계

<학습기간>　　월　　일 ~ 　　월　　일

계획 준수	① 매우 잘함	② 잘함	③ 보통	④ 노력 요함	종합의견	
원리 이해	① 매우 잘함	② 잘함	③ 보통	④ 노력 요함		
시간 단축	① 매우 잘함	② 잘함	③ 보통	④ 노력 요함		
정확성	① 매우 잘함	② 잘함	③ 보통	④ 노력 요함		

116 단계

<학습기간>　　월　　일 ~ 　　월　　일

계획 준수	① 매우 잘함	② 잘함	③ 보통	④ 노력 요함	종합의견	
원리 이해	① 매우 잘함	② 잘함	③ 보통	④ 노력 요함		
시간 단축	① 매우 잘함	② 잘함	③ 보통	④ 노력 요함		
정확성	① 매우 잘함	② 잘함	③ 보통	④ 노력 요함		

117 단계

<학습기간>　　월　　일 ~ 　　월　　일

계획 준수	① 매우 잘함	② 잘함	③ 보통	④ 노력 요함	종합의견	
원리 이해	① 매우 잘함	② 잘함	③ 보통	④ 노력 요함		
시간 단축	① 매우 잘함	② 잘함	③ 보통	④ 노력 요함		
정확성	① 매우 잘함	② 잘함	③ 보통	④ 노력 요함		

118 단계

<학습기간>　　월　　일 ~ 　　월　　일

계획 준수	① 매우 잘함	② 잘함	③ 보통	④ 노력 요함	종합의견	
원리 이해	① 매우 잘함	② 잘함	③ 보통	④ 노력 요함		
시간 단축	① 매우 잘함	② 잘함	③ 보통	④ 노력 요함		
정확성	① 매우 잘함	② 잘함	③ 보통	④ 노력 요함		

119 단계

<학습기간>　　월　　일 ~ 　　월　　일

계획 준수	① 매우 잘함	② 잘함	③ 보통	④ 노력 요함	종합의견	
원리 이해	① 매우 잘함	② 잘함	③ 보통	④ 노력 요함		
시간 단축	① 매우 잘함	② 잘함	③ 보통	④ 노력 요함		
정확성	① 매우 잘함	② 잘함	③ 보통	④ 노력 요함		

120 단계

<학습기간>　　월　　일 ~ 　　월　　일

계획 준수	① 매우 잘함	② 잘함	③ 보통	④ 노력 요함	종합의견	
원리 이해	① 매우 잘함	② 잘함	③ 보통	④ 노력 요함		
시간 단축	① 매우 잘함	② 잘함	③ 보통	④ 노력 요함		
정확성	① 매우 잘함	② 잘함	③ 보통	④ 노력 요함		

111 단계

비와 비율

비율을 구할 때에는 먼저 비교하는 양과 기준량이 무엇인지를 찾는 것이 중요하기 때문에 먼저 기준량(기호 ':'의 뒤쪽에 있는 것)과 비교하는 양(기호 ':'의 앞쪽에 있는 것)을 찾는 연습을 한 후 비율을 기약분수와 소수로 구하는 연습을 합니다.

지도가이드

---

1 Day

11쪽 Ⓐ

① 5, 2
② 20, 11
③ 4, 1
④ 16, 19
⑤ 8, 3
⑥ 25, 22
⑦ 5, 4
⑧ 25, 12
⑨ 1, 8
⑩ 16, 13

12쪽 Ⓑ

① $\frac{2}{5}$, 0.4
② $\frac{13}{25}$, 0.52
③ $\frac{1}{5}$, 0.2
④ $\frac{7}{10}$, 0.7
⑤ $\frac{8}{5}$ ($1\frac{3}{5}$), 1.6
⑥ $\frac{9}{10}$, 0.9
⑦ $\frac{7}{8}$, 0.875
⑧ $\frac{23}{25}$, 0.92
⑨ $\frac{9}{5}$ ($1\frac{4}{5}$), 1.8
⑩ $\frac{1}{4}$, 0.25

---

2 Day

13쪽 Ⓐ

① 10, 3
② 4, 25
③ 25, 7
④ 40, 23
⑤ 25, 4
⑥ 50, 47
⑦ 20, 39
⑧ 50, 27
⑨ 16, 3
⑩ 40, 31

14쪽 Ⓑ

① $\frac{2}{25}$, 0.08
② $\frac{7}{50}$, 0.14
③ $\frac{3}{2}$ ($1\frac{1}{2}$), 1.5
④ $\frac{3}{40}$, 0.075
⑤ $\frac{1}{50}$, 0.02
⑥ $\frac{17}{20}$, 0.85
⑦ $\frac{1}{10}$, 0.1
⑧ $\frac{18}{5}$ ($3\frac{3}{5}$), 3.6
⑨ $\frac{8}{25}$, 0.32
⑩ $\frac{21}{40}$, 0.525

3 Day

15쪽 Ⓐ

① 20, 3
② 40, 17
③ 16, 1
④ 50, 11
⑤ 40, 7
⑥ 25, 42
⑦ 25, 9
⑧ 40, 11
⑨ 20, 1
⑩ 50, 100

16쪽 Ⓑ

① $\frac{7}{20}$, 0.35
② $\frac{41}{40}(1\frac{1}{40})$, 1.025
③ $\frac{5}{8}$, 0.625
④ $\frac{29}{50}$, 0.58
⑤ $\frac{1}{40}$, 0.025
⑥ $\frac{21}{25}$, 0.84
⑦ $\frac{9}{10}$, 0.9
⑧ $\frac{37}{40}$, 0.925
⑨ $\frac{6}{25}$, 0.24
⑩ $\frac{12}{5}(2\frac{2}{5})$, 2.4

4 Day

17쪽 Ⓐ

① 16, 12
② 50, 23
③ 25, 17
④ 40, 26
⑤ 25, 30
⑥ 40, 34
⑦ 20, 13
⑧ 80, 94
⑨ 16, 10
⑩ 50, 43

18쪽 Ⓑ

① $\frac{1}{25}$, 0.04
② $\frac{7}{10}$, 0.7
③ $\frac{3}{50}$, 0.06
④ $\frac{9}{40}$, 0.225
⑤ $\frac{1}{2}$, 0.5
⑥ $\frac{13}{10}(1\frac{3}{10})$, 1.3
⑦ $\frac{51}{40}(1\frac{11}{40})$, 1.275
⑧ $\frac{4}{25}$, 0.16
⑨ $\frac{3}{25}$, 0.12
⑩ $\frac{19}{20}$, 0.95

5 Day

19쪽 Ⓐ

① 8, 27
② 40, 33
③ 25, 19
④ 50, 31
⑤ 25, 11
⑥ 100, 53
⑦ 40, 22
⑧ 50, 39
⑨ 20, 35
⑩ 16, 15

20쪽 Ⓑ

① $\frac{5}{4}(1\frac{1}{4})$, 1.25
② $\frac{41}{50}$, 0.82
③ $\frac{4}{5}$, 0.8
④ $\frac{19}{20}$, 0.95
⑤ $\frac{21}{50}$, 0.42
⑥ $\frac{54}{125}$, 0.432
⑦ $\frac{3}{5}$, 0.6
⑧ $\frac{18}{5}(3\frac{3}{5})$, 3.6
⑨ $\frac{39}{40}$, 0.975
⑩ $\frac{7}{10}$, 0.7

112 단계 백분율

분수 또는 소수로 나타낸 비율에 100을 곱하여 백분율로 나타내고, 백분율을 100으로 나누어 분수 또는 소수로 나타내는 연습을 합니다. 분수로 나타낼 때에는 약분하여 기약분수로 나타냅니다.

지도가이드

1 Day

23쪽 A

① 47
② 52.5
③ 36
④ 65
⑤ 100
⑥ 12.5
⑦ 33.4
⑧ 70
⑨ 20
⑩ 85
⑪ 31.4
⑫ 2
⑬ 140
⑭ 109.6

24쪽 B

① $\frac{1}{25}$
② $\frac{9}{10}$
③ $\frac{3}{4}$
④ $\frac{6}{5}(1\frac{1}{5})$
⑤ $\frac{29}{20}(1\frac{9}{20})$
⑥ $\frac{7}{8}$
⑦ $\frac{4}{125}$
⑧ 0.08
⑨ 0.5
⑩ 0.91
⑪ 1.08
⑫ 0.243
⑬ 0.067
⑭ 0.059

2 Day

25쪽 A

① 113
② 34
③ 84
④ 62.5
⑤ 50
⑥ 9.6
⑦ 5.5
⑧ 30
⑨ 80
⑩ 98
⑪ 74.9
⑫ 4
⑬ 650
⑭ 102

26쪽 B

① $\frac{3}{100}$
② $\frac{11}{20}$
③ $\frac{37}{50}$
④ $\frac{21}{20}(1\frac{1}{20})$
⑤ $\frac{31}{10}(3\frac{1}{10})$
⑥ $\frac{33}{125}$
⑦ $\frac{19}{250}$
⑧ 0.09
⑨ 0.12
⑩ 0.45
⑪ 1.7
⑫ 0.562
⑬ 0.038
⑭ 0.094

3 Day

27쪽 Ⓐ

① 9
② 6
③ 162.5
④ 20
⑤ 75
⑥ 1.5
⑦ 6.8
⑧ 60
⑨ 40
⑩ 51
⑪ 80.7
⑫ 1
⑬ 75.3
⑭ 250

28쪽 Ⓑ

① $\dfrac{2}{25}$
② $\dfrac{3}{10}$
③ $\dfrac{23}{50}$
④ $\dfrac{5}{4}\left(1\dfrac{1}{4}\right)$
⑤ $\dfrac{8}{5}\left(1\dfrac{3}{5}\right)$
⑥ $\dfrac{13}{125}$
⑦ $\dfrac{1}{40}$
⑧ 0.02
⑨ 0.49
⑩ 0.76
⑪ 1.03
⑫ 1.5
⑬ 0.581
⑭ 0.035

4 Day

29쪽 Ⓐ

① 51
② 17.5
③ 145
④ 90
⑤ 37.5
⑥ 16
⑦ 12.8
⑧ 50
⑨ 10
⑩ 27
⑪ 64
⑫ 3
⑬ 460
⑭ 111.8

30쪽 Ⓑ

① $\dfrac{1}{20}$
② $\dfrac{6}{25}$
③ $\dfrac{3}{5}$
④ $\dfrac{67}{100}$
⑤ $\dfrac{3}{2}\left(1\dfrac{1}{2}\right)$
⑥ $\dfrac{19}{125}$
⑦ $\dfrac{13}{500}$
⑧ 0.04
⑨ 0.22
⑩ 0.85
⑪ 1.01
⑫ 1.35
⑬ 0.748
⑭ 0.089

5 Day

31쪽 Ⓐ

① 3
② 142
③ 56
④ 87.5
⑤ 250
⑥ 0.8
⑦ 3.6
⑧ 40
⑨ 70
⑩ 93
⑪ 28.5
⑫ 6
⑬ 51.8
⑭ 130

32쪽 Ⓑ

① $\dfrac{9}{100}$
② $\dfrac{1}{2}$
③ $\dfrac{41}{50}$
④ $\dfrac{63}{50}\left(1\dfrac{13}{50}\right)$
⑤ $\dfrac{7}{5}\left(1\dfrac{2}{5}\right)$
⑥ $\dfrac{5}{8}$
⑦ $\dfrac{9}{500}$
⑧ 0.07
⑨ 0.69
⑩ 0.8
⑪ 1.1
⑫ 2.48
⑬ 0.302
⑭ 0.056

113단계

비교하는 양, 기준량 구하기

비교하는 양과 기준량 중에서 무엇을 구해야 하는지 알아보고 비교하는 양을 구할 때는 (기준량)×(비율)로 계산하고, 기준량을 구할 때는 (비교하는 양)÷(비율)로 계산합니다.
백분율은 분수 또는 소수 중에서 계산이 편한 것으로 나타내어 구하도록 하세요.

지도가이드

1 Day

35쪽 A

① 5
② 24
③ 264
④ 19
⑤ 12
⑥ 108
⑦ 711
⑧ 1
⑨ 48
⑩ 24
⑪ 133
⑫ 9
⑬ 68
⑭ 508

36쪽 B

① 40
② 65
③ 200
④ 56
⑤ 80
⑥ 380
⑦ 904
⑧ 12
⑨ 50
⑩ 100
⑪ 465
⑫ 720
⑬ 850
⑭ 1000

2 Day

37쪽 A

① 125
② 750
③ 17730
④ 280
⑤ 1512
⑥ 50736
⑦ 4700
⑧ 162
⑨ 736
⑩ 90
⑪ 4085
⑫ 40800
⑬ 17136
⑭ 35560

38쪽 B

① 560
② 7830
③ 30000
④ 2260
⑤ 800
⑥ 51000
⑦ 23000
⑧ 1000
⑨ 960
⑩ 12300
⑪ 54000
⑫ 70000
⑬ 42000
⑭ 80500

3 Day

39쪽 Ⓐ

① 2
② 26
③ 315
④ 4.2
⑤ 54
⑥ 297
⑦ 726
⑧ 7
⑨ 10.5
⑩ 168
⑪ 852
⑫ 246
⑬ 495
⑭ 1.4

40쪽 Ⓑ

① 33
② 410
③ 357
④ 20
⑤ 90
⑥ 520
⑦ 700
⑧ 100
⑨ 75
⑩ 340
⑪ 900
⑫ 50
⑬ 30
⑭ 25

4 Day

41쪽 Ⓐ

① 7
② 39
③ 623
④ 12
⑤ 17
⑥ 303
⑦ 38
⑧ 4
⑨ 37
⑩ 5
⑪ 95
⑫ 285
⑬ 396
⑭ 454

42쪽 Ⓑ

① 28
② 121
③ 456
④ 70
⑤ 75
⑥ 620
⑦ 800
⑧ 25
⑨ 40
⑩ 70
⑪ 350
⑫ 500
⑬ 960
⑭ 600

5 Day

43쪽 Ⓐ

① 9
② 12
③ 28
④ 1.2
⑤ 1.02
⑥ 8
⑦ 2.4
⑧ 54
⑨ 83
⑩ 6
⑪ 62
⑫ 90
⑬ 23
⑭ 56

44쪽 Ⓑ

① 30
② 17
③ 45
④ 20
⑤ 60
⑥ 75
⑦ 30
⑧ 24
⑨ 5
⑩ 4
⑪ 10
⑫ 6
⑬ 50
⑭ 25

114 단계

가장 간단한 자연수의 비로 나타내기

지도가이드

분수와 소수가 섞여 있는 비는 먼저 소수를 분수로 또는 분수를 소수로 고친 다음 비의 성질을 이용하여 가장 간단한 자연수의 비로 나타냅니다. 단, 분수를 소수로 나타낼 수 없는 경우(예 $\frac{1}{9}$ = 0.11……)에는 소수를 분수로 고쳐서 해결합니다.

1 Day

47쪽 Ⓐ

① 3 : 5
② 3 : 8
③ 2 : 1
④ 3 : 8
⑤ 9 : 16
⑥ 7 : 9
⑦ 3 : 8
⑧ 19 : 4
⑨ 52 : 73
⑩ 7 : 12
⑪ 5 : 1
⑫ 6 : 5

48쪽 Ⓑ

① 2 : 1
② 9 : 10
③ 7 : 54
④ 54 : 5
⑤ 45 : 52
⑥ 3 : 2
⑦ 1 : 5
⑧ 45 : 4
⑨ 5 : 4
⑩ 14 : 25
⑪ 25 : 27
⑫ 2 : 1

2 Day

49쪽 Ⓐ

① 1 : 3
② 4 : 9
③ 7 : 2
④ 5 : 2
⑤ 8 : 9
⑥ 5 : 18
⑦ 5 : 7
⑧ 4 : 3
⑨ 7 : 16
⑩ 39 : 14
⑪ 3 : 5
⑫ 5 : 3

50쪽 Ⓑ

① 9 : 2
② 7 : 9
③ 20 : 21
④ 1 : 2
⑤ 15 : 2
⑥ 9 : 10
⑦ 25 : 8
⑧ 1 : 24
⑨ 4 : 1
⑩ 5 : 63
⑪ 3 : 1
⑫ 2 : 3

3 Day

51쪽 Ⓐ

① 2 : 3
② 3 : 4
③ 5 : 2
④ 2 : 5
⑤ 1 : 3
⑥ 3 : 13
⑦ 9 : 2
⑧ 28 : 27
⑨ 10 : 9
⑩ 4 : 5
⑪ 10 : 3
⑫ 5 : 3

52쪽 Ⓑ

① 21 : 20
② 5 : 12
③ 4 : 15
④ 35 : 6
⑤ 5 : 14
⑥ 3 : 4
⑦ 4 : 5
⑧ 4 : 1
⑨ 14 : 25
⑩ 4 : 15
⑪ 36 : 65
⑫ 5 : 2

4 Day

53쪽 Ⓐ

① 3 : 2
② 1 : 2
③ 3 : 14
④ 3 : 8
⑤ 1 : 6
⑥ 21 : 10
⑦ 11 : 8
⑧ 16 : 3
⑨ 36 : 49
⑩ 2 : 3
⑪ 5 : 4
⑫ 1 : 2

54쪽 Ⓑ

① 15 : 4
② 25 : 12
③ 5 : 32
④ 11 : 15
⑤ 4 : 1
⑥ 5 : 21
⑦ 10 : 11
⑧ 2 : 21
⑨ 9 : 2
⑩ 5 : 9
⑪ 5 : 8
⑫ 9 : 8

5 Day

55쪽 Ⓐ

① 3 : 10
② 7 : 16
③ 10 : 7
④ 14 : 19
⑤ 3 : 14
⑥ 2 : 5
⑦ 7 : 18
⑧ 12 : 5
⑨ 32 : 41
⑩ 2 : 1
⑪ 15 : 4
⑫ 1 : 50

56쪽 Ⓑ

① 15 : 28
② 5 : 6
③ 40 : 9
④ 2 : 21
⑤ 15 : 11
⑥ 51 : 56
⑦ 7 : 50
⑧ 6 : 1
⑨ 25 : 27
⑩ 67 : 21
⑪ 1 : 2
⑫ 3 : 2

비례식

외항의 곱과 내항의 곱이 같지 않으면 비례식이 아닙니다. 비례식에서 □를 구한 다음 다시 대입하여 검산해 보면 답이 맞았는지 틀렸는지를 확인할 수 있습니다. 계산의 속도 만큼 정확도도 중요하기 때문에 늘 검산하는 습관을 가질 수 있도록 지도해 주세요.

지도가이드

1 Day

59쪽 Ⓐ

① 12
② 28
③ 4
④ 4
⑤ 49
⑥ 8
⑦ 8
⑧ 33
⑨ 42
⑩ 5
⑪ 5
⑫ 250

60쪽 Ⓑ

① 4
② 13
③ 5
④ $\frac{1}{9}$
⑤ $\frac{8}{25}$
⑥ $1\frac{1}{2}$
⑦ 7.2
⑧ 8
⑨ 2
⑩ 1.6
⑪ 7.5
⑫ 4

2 Day

61쪽 Ⓐ

① 12
② 20
③ 5
④ 2
⑤ 27
⑥ 720
⑦ 12
⑧ 100
⑨ 15
⑩ 4
⑪ 162
⑫ 23

62쪽 Ⓑ

① 32
② 2
③ 8
④ 7
⑤ $\frac{1}{12}$
⑥ $36\frac{2}{3}$
⑦ 6
⑧ 5
⑨ 8
⑩ 12
⑪ 6.8
⑫ 30.4

3 Day

63쪽 A

① 28
② 18
③ 7
④ 20
⑤ 9
⑥ 70
⑦ 8
⑧ 21
⑨ 48
⑩ 7
⑪ 360
⑫ 25

64쪽 B

① 2
② 35
③ 6
④ $\dfrac{2}{3}$
⑤ $\dfrac{1}{96}$
⑥ $\dfrac{3}{32}$
⑦ 24
⑧ 6
⑨ 10
⑩ 4.8
⑪ 44
⑫ 9.1

4 Day

65쪽 A

① 40
② 32
③ 18
④ 9
⑤ 11
⑥ 66
⑦ 48
⑧ 135
⑨ 22
⑩ 3
⑪ 4
⑫ 160

66쪽 B

① 3
② 6
③ 2
④ $\dfrac{2}{5}$
⑤ $\dfrac{1}{60}$
⑥ $5\dfrac{5}{11}$
⑦ 6.5
⑧ 2
⑨ 4
⑩ 4
⑪ 9
⑫ 3.1

5 Day

67쪽 A

① 96
② 28
③ 6
④ 5
⑤ 13
⑥ 10
⑦ 12
⑧ 10
⑨ 16
⑩ 12
⑪ 438
⑫ 21

68쪽 B

① $\dfrac{2}{3}$
② 20
③ 7
④ 4
⑤ $\dfrac{4}{37}$
⑥ $1\dfrac{5}{7}$
⑦ 20.4
⑧ 30
⑨ 1.1
⑩ 9
⑪ 3.75
⑫ 85.5

116 단계

비례배분

<전체 ■를 a : b로 비례배분>

비례배분 : $■ × \dfrac{a}{a+b}$, $■ × \dfrac{b}{a+b}$ ➡ 검산 : $(■ × \dfrac{a}{a+b}) + (■ × \dfrac{b}{a+b}) = ■$

지도가이드

1 Day

71쪽 A

① 8, 12
② 18, 30
③ 35, 28
④ 32, 24
⑤ 30, 42
⑥ 66, 55

72쪽 B

① 1 : 2 / 4, 8
② 1 : 1 / 9, 9
③ 5 : 2 / 70, 28
④ 4 : 5 / 36, 45
⑤ 5 : 6 / 45, 54
⑥ 6 : 1 / 90, 15

2 Day

73쪽 A

① 4, 6
② 42, 12
③ 15, 55
④ 25, 5
⑤ 21, 24
⑥ 60, 70

74쪽 B

① 4 : 3 / 8, 6
② 5 : 4 / 20, 16
③ 1 : 3 / 17, 51
④ 1 : 4 / 10, 40
⑤ 7 : 5 / 56, 40
⑥ 2 : 3 / 72, 108

3 Day

75쪽 Ⓐ

① 12, 15
② 35, 49
③ 105, 60
④ 2, 8
⑤ 27, 15
⑥ 65, 26

76쪽 Ⓑ

① 3 : 1 / 6, 2
② 2 : 1 / 30, 15
③ 1 : 2 / 60, 120
④ 1 : 3 / 14, 42
⑤ 3 : 7 / 27, 63
⑥ 4 : 5 / 124, 155

4 Day

77쪽 Ⓐ

① 6, 18
② 12, 40
③ 56, 72
④ 10, 6
⑤ 24, 54
⑥ 96, 16

78쪽 Ⓑ

① 2 : 3 / 8, 12
② 2 : 1 / 42, 21
③ 3 : 4 / 54, 72
④ 1 : 7 / 6, 42
⑤ 5 : 3 / 120, 72
⑥ 4 : 7 / 200, 350

5 Day

79쪽 Ⓐ

① 10, 16
② 15, 20
③ 175, 75
④ 6, 12
⑤ 10, 65
⑥ 36, 96

80쪽 Ⓑ

① 1 : 2 / 5, 10
② 2 : 3 / 32, 48
③ 4 : 5 / 68, 85
④ 1 : 2 / 23, 46
⑤ 8 : 5 / 136, 85
⑥ 2 : 3 / 360, 540

117 단계

중학교 방정식 ①

등호(=)를 써서 나타낸 식을 등식이라 하고, $x-4<10$과 같이 부등호($>$, $<$)를 사용하여 수 또는 식의 대소 관계를 나타낸 식을 부등식이라고 합니다. 부등식은 중학교 2학년 때 배우게 됩니다. 등식에서 이항은 +와 −의 부호가 바뀌면서 항이 이동하는 것을 뜻합니다.

지도가이드

1 Day

83쪽 Ⓐ

① $x=4$
② $x=5$
③ $x=3$
④ $x=7$
⑤ $x=6.4$
⑥ $x=2$
⑦ $x=5$
⑧ $x=\dfrac{1}{3}$
⑨ $x=2.5$
⑩ $x=6.7$

84쪽 Ⓑ

① $x=5$
② $x=14$
③ $x=1$
④ $x=\dfrac{5}{7}$
⑤ $x=1.8$
⑥ $x=3$
⑦ $x=6$
⑧ $x=\dfrac{2}{5}$
⑨ $x=1\dfrac{8}{11}$
⑩ $x=2$

2 Day

85쪽 Ⓐ

① $x=2$
② $x=7$
③ $x=1$
④ $x=5\dfrac{1}{3}$
⑤ $x=1.3$
⑥ $x=14$
⑦ $x=11$
⑧ $x=1\dfrac{2}{5}$
⑨ $x=3\dfrac{5}{13}$
⑩ $x=3.4$

86쪽 Ⓑ

① $x=6$
② $x=12$
③ $x=3$
④ $x=4$
⑤ $x=5.2$
⑥ $x=5$
⑦ $x=5$
⑧ $x=\dfrac{2}{7}$
⑨ $x=3.3$
⑩ $x=0.9$

3 Day

87쪽 Ⓐ

① $x=7$
② $x=12$
③ $x=\dfrac{5}{7}$
④ $x=4.2$
⑤ $x=8.3$
⑥ $x=8$
⑦ $x=11$
⑧ $x=3\dfrac{1}{5}$
⑨ $x=4$
⑩ $x=1.1$

88쪽 Ⓑ

① $x=9$
② $x=12$
③ $x=2\dfrac{3}{4}$
④ $x=8\dfrac{1}{3}$
⑤ $x=30.9$
⑥ $x=6$
⑦ $x=8$
⑧ $x=1$
⑨ $x=1\dfrac{1}{4}$
⑩ $x=0.9$

4 Day

89쪽 Ⓐ

① $x=6$
② $x=18$
③ $x=1\dfrac{1}{3}$
④ $x=21\dfrac{7}{12}$
⑤ $x=12.5$
⑥ $x=17$
⑦ $x=15$
⑧ $x=\dfrac{2}{3}$
⑨ $x=2\dfrac{3}{5}$
⑩ $x=3.81$

90쪽 Ⓑ

① $x=7$
② $x=19$
③ $x=1\dfrac{2}{9}$
④ $x=11.1$
⑤ $x=7.5$
⑥ $x=4$
⑦ $x=15$
⑧ $x=\dfrac{1}{4}$
⑨ $x=2.56$
⑩ $x=9.76$

5 Day

91쪽 Ⓐ

① $x=12$
② $x=13$
③ $x=\dfrac{5}{8}$
④ $x=0.25$
⑤ $x=1.83$
⑥ $x=9$
⑦ $x=14$
⑧ $x=\dfrac{2}{15}$
⑨ $x=1.1$
⑩ $x=5.84$

92쪽 Ⓑ

① $x=15$
② $x=33$
③ $x=\dfrac{5}{6}$
④ $x=5$
⑤ $x=8.45$
⑥ $x=7$
⑦ $x=5$
⑧ $x=\dfrac{1}{12}$
⑨ $x=9.2$
⑩ $x=7.95$

118 단계

중학교 방정식 ❷

초등학교 과정에서 □÷3=5를 풀 때 곱셈과 나눗셈의 관계에 따라 □=5×3, □=15 라고 구했습니다. 이것은 이미 등식의 성질을 포함하고 있는 것입니다. 곱셈과 나눗셈의 관계에 의해 '÷3'이 등호(=) 반대쪽으로 넘어가서 '×3'이 됨을 이해하도록 지도해 주세요.

지도가이드

1 Day

95쪽 Ⓐ

① $x=2$
② $x=5$
③ $x=9$
④ $x=6$
⑤ $x=5$
⑥ $x=5$
⑦ $x=9$
⑧ $x=14$
⑨ $x=2$
⑩ $x=8$

96쪽 Ⓑ

① $x=12$
② $x=14$
③ $x=5$
④ $x=15$
⑤ $x=4.8$
⑥ $x=2$
⑦ $x=7$
⑧ $x=\dfrac{1}{8}$
⑨ $x=\dfrac{1}{24}$
⑩ $x=0.9$

2 Day

97쪽 Ⓐ

① $x=7$
② $x=4$
③ $x=12$
④ $x=\dfrac{3}{4}$
⑤ $x=5$
⑥ $x=6$
⑦ $x=2$
⑧ $x=18$
⑨ $x=\dfrac{3}{7}$
⑩ $x=3$

98쪽 Ⓑ

① $x=18$
② $x=54$
③ $x=6$
④ $x=2.4$
⑤ $x=37$
⑥ $x=4$
⑦ $x=6$
⑧ $x=\dfrac{1}{16}$
⑨ $x=0.7$
⑩ $x=0.05$

3 Day

99쪽 Ⓐ

① $x=4$
② $x=11$
③ $x=8$
④ $x=29$
⑤ $x=5.1$
⑥ $x=5$
⑦ $x=8$
⑧ $x=\dfrac{4}{5}$
⑨ $x=3.4$
⑩ $x=5.5$

100쪽 Ⓑ

① $x=27$
② $x=36$
③ $x=5$
④ $x=1$
⑤ $x=24.3$
⑥ $x=6$
⑦ $x=10$
⑧ $x=\dfrac{1}{4}$
⑨ $x=\dfrac{5}{6}$
⑩ $x=5$

4 Day

101쪽 Ⓐ

① $x=8$
② $x=9$
③ $x=6$
④ $x=22$
⑤ $x=4.5$
⑥ $x=10$
⑦ $x=4$
⑧ $x=\dfrac{2}{3}$
⑨ $x=1\dfrac{1}{16}$
⑩ $x=9.8$

102쪽 Ⓑ

① $x=32$
② $x=45$
③ $x=6$
④ $x=54.6$
⑤ $x=59.78$
⑥ $x=5$
⑦ $x=9$
⑧ $x=\dfrac{2}{5}$
⑨ $x=16$
⑩ $x=11$

5 Day

103쪽 Ⓐ

① $x=6$
② $x=13$
③ $x=5\dfrac{1}{4}$
④ $x=0.2$
⑤ $x=0.6$
⑥ $x=25$
⑦ $x=7$
⑧ $x=2\dfrac{2}{9}$
⑨ $x=20$
⑩ $x=0.5$

104쪽 Ⓑ

① $x=56$
② $x=36$
③ $x=1\dfrac{1}{2}$
④ $x=3\dfrac{3}{32}$
⑤ $x=42$
⑥ $x=6$
⑦ $x=13$
⑧ $x=2\dfrac{1}{2}$
⑨ $x=26$
⑩ $x=8$

119 단계

중학교 방정식 ❸

사칙 연산이 두 개 포함된 방정식을 푸는 연습을 합니다.
x의 위치에 따라, 연산의 종류에 따라 아이들이 어려워하는 지점이 있을 수 있으므로 아이가 방정식을 푸는 과정을 유심히 살펴보세요. 부족하다고 생각되는 부분은 반복 연습을 시켜 주세요.

지도가이드

1 Day

107쪽 A

① $x=4$
② $x=5$
③ $x=3$
④ $x=4$
⑤ $x=24$
⑥ $x=3$
⑦ $x=8$
⑧ $x=3$
⑨ $x=7$
⑩ $x=8$

108쪽 B

① $x=6$
② $x=16$
③ $x=8$
④ $x=5$
⑤ $x=2$
⑥ $x=25$
⑦ $x=77$
⑧ $x=9$
⑨ $x=8$
⑩ $x=6$

2 Day

109쪽 A

① $x=5$
② $x=8$
③ $x=2$
④ $x=4$
⑤ $x=4$
⑥ $x=7$
⑦ $x=11$
⑧ $x=3$
⑨ $x=9$
⑩ $x=20$

110쪽 B

① $x=30$
② $x=24$
③ $x=3$
④ $x=8$
⑤ $x=2$
⑥ $x=36$
⑦ $x=88$
⑧ $x=3$
⑨ $x=4$
⑩ $x=10$

3 Day

111쪽 Ⓐ

① $x=1$ ⑥ $x=6$
② $x=7$ ⑦ $x=14$
③ $x=4$ ⑧ $x=38$
④ $x=3$ ⑨ $x=8$
⑤ $x=8$ ⑩ $x=8.2$

112쪽 Ⓑ

① $x=9$ ⑥ $x=45$
② $x=63$ ⑦ $x=100$
③ $x=2$ ⑧ $x=3$
④ $x=7$ ⑨ $x=\dfrac{1}{8}$
⑤ $x=3$ ⑩ $x=47.6$

4 Day

113쪽 Ⓐ

① $x=4$ ⑥ $x=15$
② $x=11$ ⑦ $x=48$
③ $x=6$ ⑧ $x=3$
④ $x=5$ ⑨ $x=2$
⑤ $x=8$ ⑩ $x=14$

114쪽 Ⓑ

① $x=4$ ⑥ $x=42$
② $x=4$ ⑦ $x=36$
③ $x=6$ ⑧ $x=6$
④ $x=7$ ⑨ $x=2$
⑤ $x=0.4$ ⑩ $x=5.4$

5 Day

115쪽 Ⓐ

① $x=4$ ⑥ $x=30$
② $x=5$ ⑦ $x=16$
③ $x=2$ ⑧ $x=6$
④ $x=8$ ⑨ $x=5$
⑤ $x=10$ ⑩ $x=12$

116쪽 Ⓑ

① $x=3$ ⑥ $x=28$
② $x=7$ ⑦ $x=36$
③ $x=4$ ⑧ $x=4$
④ $x=9$ ⑨ $x=9$
⑤ $x=1.3$ ⑩ $x=58.8$

120단계

중학교 혼합 계산

중학교에 들어가면 복잡한 식을 정리해서 문제를 풀어야 하는 경우가 많습니다.
이런 복잡한 식은 계산 순서뿐 아니라 각각의 계산을 실수 없이 계산하는 과정도 매우
중요합니다. 차근차근 연습할 수 있도록 도와주세요.

지도가이드

1 Day

119쪽 A

① $1\frac{1}{4}$

② $8\frac{7}{12}$

③ $1\frac{1}{3}$

④ $\frac{7}{27}$

⑤ 8.73

⑥ 21.2

⑦ 8.5

⑧ 15.6

120쪽 B

① $4\frac{7}{8}$(4.875)

② $\frac{9}{16}$(0.5625)

③ $1\frac{1}{25}$(1.04)

④ $\frac{3}{10}$(0.3)

⑤ $\frac{3}{8}$(0.375)

⑥ $\frac{1}{3}$

2 Day

121쪽 A

① 1

② 3

③ $\frac{9}{10}$

④ $\frac{4}{11}$

⑤ 2.6

⑥ 1.03

⑦ 2

⑧ 27.5

122쪽 B

① 6

② 3

③ $1\frac{7}{15}$

④ $1\frac{1}{10}$(1.1)

⑤ $\frac{5}{8}$(0.625)

⑥ $\frac{24}{25}$(0.96)

3 Day

123쪽 Ⓐ

① $1\frac{1}{4}$
② $3\frac{57}{70}$
③ $\frac{1}{9}$
④ $\frac{9}{17}$
⑤ 0.705
⑥ 10.1
⑦ 1.9
⑧ 29.5

124쪽 Ⓑ

① 29
② $\frac{1}{24}$
③ $2\frac{3}{10}$(2.3)
④ $\frac{2}{3}$
⑤ $4\frac{4}{35}$
⑥ 2

4 Day

125쪽 Ⓐ

① 10
② $1\frac{1}{12}$
③ $1\frac{1}{8}$
④ $38\frac{1}{3}$
⑤ 11
⑥ 15.95
⑦ 1.5
⑧ 1.54

126쪽 Ⓑ

① $1\frac{2}{5}$(1.4)
② $4\frac{4}{5}$(4.8)
③ 0
④ 3
⑤ $\frac{4}{5}$(0.8)
⑥ 8

5 Day

127쪽 Ⓐ

① $1\frac{1}{7}$
② $14\frac{1}{3}$
③ $3\frac{1}{9}$
④ $1\frac{3}{14}$
⑤ 13.05
⑥ 3.52
⑦ 0.85
⑧ 1.6

128쪽 Ⓑ

① $\frac{14}{15}$
② 3
③ $1\frac{1}{2}$(1.5)
④ $\frac{9}{10}$(0.9)
⑤ $2\frac{2}{11}$
⑥ $5\frac{1}{7}$

수고하셨습니다.
중학 연산으로 올라갈까요?

기 적 의
계 산 법

길벗스쿨

" 오늘도 한 뼘 자랐습니다. **"**

기적의 학습서, 제대로 경험하고 싶다면?

학습단에 참여하세요!

꾸준한 학습!

풀다 만 문제집만 수두룩? 기적의 학습서는 스케줄 관리를 통해 꾸준한 학습을 가능케 합니다.

푸짐한 선물!

학습단에 참여하여 꾸준히 공부만 해도 상품권, 기프티콘 등 칭찬 선물이 쏟아집니다.

알찬 학습 팁!

엄마표 학습의 고수가 알려주는 학습 팁과 노하우로 나날이 발전된 홈스쿨링이 가능합니다.

길벗스쿨 공식 카페 〈기적의 공부방〉에서 확인하세요.
http://cafe.naver.com/gilbutschool